新时代创新驱动研究书系

生态文明建设中的
生态管理创新研究

徐学英　马衍阳　杨春晨　著

 西南财经大学出版社

中国·成都

图书在版编目(CIP)数据

生态文明建设中的生态管理创新研究/徐学英,马衍阳,杨春晨著.—成都:西南财经大学出版社,2025.2

ISBN 978-7-5504-5695-2

Ⅰ.①生… Ⅱ.①徐…②马…③杨… Ⅲ.①生态环境建设—研究—中国 Ⅳ.①X321.2

中国国家版本馆 CIP 数据核字(2023)第 040327 号

生态文明建设中的生态管理创新研究

SHENGTAI WENMING JIANSHEZHONG DE SHENGTAI GUANLI CHUANGXIN YANJIU

徐学英　马衍阳　杨春晨　著

策划编辑:李邓超
责任编辑:李邓超
责任校对:周晓琬
封面设计:墨创文化　张姗姗
责任印制:朱曼丽

出版发行	西南财经大学出版社(四川省成都市光华村街55号)
网　　址	http://cbs.swufe.edu.cn
电子邮件	bookcj@swufe.edu.cn
邮政编码	610074
电　　话	028-87353785
照　　排	四川胜翔数码印务设计有限公司
印　　刷	郫县犀浦印刷厂
成品尺寸	170 mm×240 mm
印　　张	13.25
字　　数	221 千字
版　　次	2025 年 2 月第 1 版
印　　次	2025 年 2 月第 1 次印刷
书　　号	ISBN 978-7-5504-5695-2
定　　价	88.00 元

前　言

　　建设生态文明，关系人民福祉，关乎民族未来。生态文明建设是关系中华民族永续发展的根本大计，是新时代中国特色社会主义的一个重要特征。我国是世界上较早把"生态文明"理念和生态文明建设落实为国家发展战略的国家。党的十八大以来，以习近平同志为核心的党中央把生态文明建设摆在全局工作的突出位置，全面加强生态文明建设，一体化治理山水林田湖草沙，开展了一系列根本性、开创性、长远性工作，决心之大、力度之大、成效之大前所未有。我国全面深化改革，加快推进生态文明顶层设计和制度体系建设，相继出台《中共中央　国务院关于加快推进生态文明建设的意见》《生态文明体制改革总体方案》，制定了40多项涉及生态文明建设的改革方案，从总体目标、基本理念、主要原则、重点任务、制度保障等方面对生态文明建设进行全面、系统的部署和安排，生态文明建设从认识到实践都发生了历史性、转折性、全局性的变化。

　　以习近平同志为核心的党中央传承中华民族传统文化、顺应时代潮流和人民意愿，站在坚持和发展中国特色社会主义、实现中华民族伟大复兴中国梦的战略高度，形成了习近平生态文明思想，深刻回答了为什么建设生态文明、建设什么样的生态文明、怎样建设生态文明等重大理论和实践问题，有力指导生态文明建设和生态环境保护取得历史性成就、发生历史性变革。习近平生态文明思想立意高远，内涵丰富，思想深刻，对于我们深刻认识生态文明建设的重大意义，完整准确全面贯彻新发展理念，推动形成绿色发展方式和生活方式，推进美丽中国建设，实现中华民族永续发展，实现"两个一百年"奋斗目标、实现中华民族伟大复兴的中国梦，具有十分重要的意义。

　　当前，我国生态文明建设仍然面临诸多矛盾和挑战，生态环境稳中向好的基础还不稳固，从量变到质变的拐点还没有到来，生态环境质量同人民群众对美好生活的期盼相比，同建设美丽中国的目标相比，同构建新发展格局、推动高质量发展、全面建设社会主义现代化国家的要求相比，都还有较大差距。我国生态文明建设的复杂性呼唤生态管理创新，如何增强生态管理以推动我国生态文明建设，如何协调发挥政府、企业和非政府组织在生态管理中的作用，也成为一个迫切需要解决的问题。本书在总结和提炼生态文明、生态管理创新等概念的基础上，以四川民族地区在生态文明建设中的生态管理实践为例，研究了生态文明建设中的生态管理对于理论构建和实践发展具有的意义，有助于丰富并深化民族地区生态管理体系的理论研究，有助于促进四川民族地区生态文明管理体系构建的实践推进，有望在其他民族地区生态管理体系构建中起到示范推广作用。本书由徐学英、王丽丹承担主要编写工作，马衍阳、杨春晨协助编写。徐学英负责第二、第四、第五章的编写工作，王丽丹负责第一、第三、第六章的编写工作。

生态文明建设是中国式现代化的重要组成部分，是实现可持续发展的重要保障。一代人有一代人的使命，生态文明建设的时代责任已经落在了我们这代人的肩上，这要求我们更加紧密地团结在以习近平同志为核心的党中央周围，在习近平生态文明思想的指引下，齐心协力，攻坚克难，大力推进生态文明建设，为全面建设社会主义现代化国家、开创美丽中国建设新局面而努力奋斗！

徐学英

2023 年 4 月

目 录

第一章 绪论

第一节 研究背景及研究意义

一、研究背景

生态文明是继传统工业文明发展模式后，人类经过深刻反思而重新选择的一种生态化的文明形态。我国是世界上较早把生态文明理念和生态文明建设落实为国家发展战略的国家。党的十七大把"建设生态文明"作为实现全面建设小康社会奋斗目标的新要求提出来，党的十八大将生态文明建设纳入中国特色社会主义事业"五位一体"总体布局，要求"把生态文明建设放在突出地位，融入经济建设、政治建设、文化建设、社会建设各方面和全过程"。党的二十大报告将生态文明建设视为中华民族永续发展的大计，强调通过系统性的制度和科技创新，推动经济社会发展全面绿色转型，为全球生态安全作出更大贡献。

改革开放以来，我国逐渐探索出了自己的经济发展模式，创造了许多举世瞩目的辉煌成就，但经济社会发展与资源环境的矛盾日益突出，解决生态问题日益迫切。要扭转粗放的经济增长方式，调整不合理的经济结构，实现经济社会和生态环境全面协调可持续发展，就必须实现生态化管理。不仅各国政府把对生态的有效管理作为社会公众和政府责任管理的实践行为，而且企业管理工作的各个层面也已显现出重视生态化的趋势。生态文明建设实践研究中最重要的问题是生态管理创新，如何增强生态管理以推动我国生态文明建设，如何协调发挥政府、企业和非政府组织在生态管理中的作用，成为当前迫切需要解决的问题。

二、研究意义

生态管理是管理史上的一次新的深刻的管理范式革命，因此研究生态文明建设中的生态管理对于理论构建和实践发展都具有重要的意义，有助于丰富并深化民族地区生态管理体系的理论研究，有助于促进四川民族地区生态文明管理体系构建的实践进程，有望在其他民族地区生态管理体系的构建中起到示范推广作用。

（1）理论意义。

各种管理理论层出不穷，但是已有的管理学理论仍然无法解决生存、竞争与生态发展问题。要从根本上解决这一问题，我们必须适应外部环境的变化，从管理理论的层次出发对其进行重新审视、变革和更新。正是鉴于外部环境条件的变化对组织的影响，我们才试图用生态学的思维方式来更新、指导组织管理理念的变革。我们认为要解决生存、竞争与生态发展问题，必须从深层次上更新目前的管理理念。本研究是对构建生态文明建设中生态管理创新研究的积极探索。我国对生态文明建设比较系统化的研究开始于党的十七大召开后，时间不长，相关领域的实践经验也不够丰富。同时，研究生态管理是深入贯彻党的十八大精神的必然要求，是全面建成小康社会和构建社会主义和谐社会的必然要求。相对于生态文明建设，生态管理研究尚未形成系统性，尤其是将生态管理创新研究作为促进生态文明建设的重要组成部分更是少见。因此如何结合我国国情及生态管理的现状，通过多角度、多层次的综合分析来建立我国生态管理体系，并以此推动我国生态文明建设的进一步发展，是非常有意义且非常紧迫的研究课题。

（2）实践意义。

研究生态文明建设中的生态管理创新，对于经济建设、政治建设、文化建设、社会建设具有重要的推动作用。生态管理创新研究反映了当前我国生态文明建设中生态管理实践的复杂特点，能够为生态管理提供有价值的指导建议；生态管理创新的诸多理论，为我们进一步研究生态文明提供了新的思路，有利于实现统筹兼顾，正确应对日益严重的生态问题，进一步指导我国正在进行的生态文明建设。生态管理创新理论的研究，探索政府管理机制的新思路，为生态文明的建设与发展提供动力。同时，生态管理创新积极研究政府、企业与社会组织的协同机制，有助于增强全社会的环保意识和环境素养，培养高素质人才，提升政府与非政府组织的合作水平。这些举措都有利于推动我国生态文明建设的发展。生态管理创新不仅对现阶段的经济发展有重要的现实意义，而且对未来经济社会的长远发展也有深远的指导意义，因为生态管理创新坚持经济效益、社会效益与生态效益的统一，坚持建立绿色企业，发展绿色生产。生态管理创新涉及我国生态管理的方方面面，为文化建设提供巨大推动力。生态管理创新加快了生态文化产业发展，促进了生态文化管理机构的建设。生态管理的研究是生态文明建设中的重要课题，生态管理创新研究拓展了生态文明建设研究领域，丰富了生态文明建设研究内容，增强了生态文明建设中与管理学相关的规律和方法论的认识，提升了生态文明建设的科学化水平，丰富了生态文明建设理论。

（3）我国生态文明建设的复杂性呼唤生态管理创新。

生态文明是人类文明发展过程中一种新的文明形态，也是人类社会进步的一种具体形态，是人类正确处理生产发展与自然环境关系时思维方式和行为方式的总和。生态文明涵盖的理论与实践范围广，具有复杂性的特点。因此生态文明建设本身也是复杂的，与许多发达国家相比，我国生态文明建设还处于初级阶段。要实现生态文明建设的目标，复杂性科学理论和复杂性管理理论的指导不可或缺。生态文明时代的到来，伴随的是更加高度整合的社会体系，更发达的社会生产力，以及更复杂的生产关系。这些都对生态文明建设中的生态管理提出新的更高的要求，从而推动一种更新的管理理念产生。生态管理是一个复杂系统，我们分析各个子系统的地位和作用，使政府、企业、非政府生态组织等相互配合与制约，最终实现生态管理大系统的完美运行及"1+1>2"的功能发挥。

（4）四川民族地区的重要战略发展地位和特殊性决定了加强民族地区的生态管理体系的研究具有重要理论和实践意义。

本研究关注微观层次的某一地区在生态管理中的特殊性，填补民族地区生态管理研究的空白。四川省是形成我国"两屏三带"生态安全战略格局的重要支撑地区，同时也是西部民族地区较多的经济大省和人口大省，在维护国家生态安全，引领西部民族地区全面建成小康社会中发挥着重要作用。作为我国重要的生态功能区，西部民族地区既是自然资源比较富集的地区，也是生态环境十分脆弱的地区。自2000年实行西部大开发以来，国家一直倡导和始终坚持资源开发与生态治理并举的战略方针，并将实现生态功能修复的退耕（牧）还林（草）、防沙固沙工程作为整个西部大开发的重点任务，为此投入了大量财政资金进行生态建设。从实际效果看，虽然局部生态得以改善，环境恶化速度相对减缓，但整体功能退化的趋势并未得到根本遏制，民族地区在将来很长一个时期依然将面临自然资源大规模开发与西部民族群众为改善生存条件、提高生活水平而对脆弱生态环境破坏加剧的双重压力。在民族地区生态系统对经济社会发展承载能力不断减弱，经济发展与生态建设两难抉择的背景下，加强民族地区生态管理体系的构建与创新，探索具有民族区域特色的绿色发展道路，对区域生态文明建设具有重要意义。这既关系到民族地区的可持续发展，又关系到整个中国的生态安全和永续发展。

第二节　研究内容、思路、方法及创新点

一、研究内容

研究的主要内容及观点：

1. 生态管理的理论分析

（1）介绍研究现状、背景及意义；

（2）介绍生态管理的内涵、基本内容、基本理念等，明确本书研究的目标模式；

（3）纵向演化与横向比较生态管理，梳理当前民族地区生态管理中存在的问题与不足。

2. 生态管理创新与民族地区生态经济建设、生态政治发展、生态文化繁荣的关系研究

生态管理创新与民族地区生态经济建设、生态政治发展、生态文化繁荣在发展观、关系处理及目标实现上都具有内在一致性。在发展观上的一致性——可持续发展；在关系处理上的一致性——和谐发展；在目标实现上的一致性——全面建成小康社会。

3. 生态管理创新的多维度研究

以我国生态文明建设为背景，本书从理念、机制、政策与法律三方面研究生态管理的创新。

（1）生态文明建设中的生态管理理念的创新。生态管理理念的创新既

是进行生态管理创新的逻辑起点，也是其理论支撑。我国生态文明建设必须以全新的复杂性科学理论指导生态经济和生态政治发展，寻求经济、社会和生态的有机统一。生态管理提出了与传统管理学以经济人为代表的各种人性假设理论不同的观点，运用生态化的世界观、人生观、系统观更新管理学的人性假设，即提出生态理性经济人。生态理性经济人主张以生态理性制约经济人片面追求经济效益的行为，从而克服其造成的生态资源环境问题，强调经济效益、社会效益与生态效益的统一。因此，生态文明建设中生态管理理念的创新对管理学的学科发展具有重要的理论意义，对我国的生态文明建设具有重要的现实意义。

（2）生态文明建设中的生态管理机制创新。推动生态管理事业的发展，不仅需要政府职能的转变和引导，而且需要企业及非政府组织的共同努力。生态管理提出了在政府主导下，政府、企业和生态非政府组织协同管理的机制，并分别研究生态管理机制中的生态行政管理机制创新、企业生态管理机制创新、环保 NGO 生态管理机制创新等。

（3）生态文明建设中的生态管理政策与法律创新。完善生态管理事业是一项复杂艰巨的工作，需要政策与法律的支持和保障。为解决企业追求利润造成的负外部性问题，进行生态管理的环境政策创新是大势所趋。例如，行政手段与市场手段相结合，深化财税、金融体制改革，并从可持续发展角度出发进行生态人才自主创新能力的培养；同时，还要从法律层面为生态管理创新事业提供保障。结合我国生态管理实践的情况，制定具有总纲领性质的生态保护基本法，并以此为指导完善现行的法律法规，健全生态法律责任制等。

（4）创造和激发生态文明"制度红利"。这是大力推进生态文明建设必须解决的、重要的、现实的、紧迫的命题。

4. 生态管理的实证分析：来自四川凉山州民族地区的实践

本书选择凉山州部分地区作为样本，展开实证研究，进一步审视四川民族地区生态管理内涵的完整性和外延的准确性，区分不同地区生态管理构建存在差异的原因，在生态文明建设进程中构建适合四川民族地区发展的生态管理体系。

二、研究思路

研究思路如图 1-1 所示。

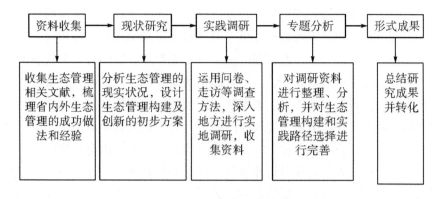

图 1-1　研究思路

三、研究方法

本书从生态文明建设出发，结合国内外生态管理创新研究的实际，探讨我国生态管理创新的理念、机制、政策等问题。本书主要采用了以下研究方法：

（1）文献分析法。本书查阅了大量的文献，收集了许多国内外关于生态管理研究的资料。我们通过阅读大量的资料，把握主要理论的基本内容和内涵，了解相关理论渊源，从其他学者的研究中得到了许多启迪。

（2）从抽象到具体的方法。从探讨生态管理的理论问题出发，联系当前出现的全球性生态危机问题及我国生态文明建设的现状，借助人性假设及人与自然、社会的关系，指出生态危机必然涉及人与人的关系。而在现实生活要解决相关问题，必然要依靠生态管理创新。

（3）比较法。我国生态管理体系的创新，涉及管理理念、管理机制和管理政策三方面的创新。三者既紧密联系又相互区别。管理机制与管理政策必须有管理理念的指导，同时二者又是管理理念的实践。本书在对三者的比较分析中寻得我国生态管理体系的创新研究方法。

四、研究创新点

本书主要有以下创新点：从生态文明建设的宏观背景与现实需求出发，对生态管理进行有针对性的深度研究，提出相应的对策建议，从而进一步丰富生态管理体系的成果；以我国生态文明建设为背景，从理念、机制、政策三方面入手，多角度对生态管理进行系统构建及创新研究。在相关文献中，大部分关于生态管理的研究与讨论，都是从政府或者企业的某一角度出发来探究具体的管理行为，以我国生态文明建设为背景，从理念、机制、政策三方面入手，研究生态管理创新的文章实属少见。这不能不算是该方面研究的缺憾。在生态管理理念研究中，我们创新地从复杂性科学理论出发，进行生态管理理论的理念创新。以复杂性科学为指导，是生态管理理论研究的一个新的出发点；关注民族地区在生态管理中的特殊性，有助于填补民族地区生态管理实践的空白；以四川凉山州民族地区生态管理为例，从实证角度对具体制度运行及其实效性进行研究，并从中获取客观材料，有针对性地提出四川民族地区进一步完善生态管理的途径，在实践过程中不断总结经验，从而不断完善生态管理的机制、政策，为四川其他民族地区的生态管理提供借鉴和参考，最终实现生态管理大系统的顺利运行及"1+1>2"的功能发挥。

第二章　相关文献研究综述及理论分析

第一节　国内外生态文明及生态管理相关研究及文献综述

一、国内生态文明相关研究及文献综述

我国是世界上较早把生态文明理念和生态文明建设落实为国家发展战略的国家。这是日趋严峻的生态环境问题倒逼的结果，也是马克思主义生态观指导的结果。随着我国经济的迅速发展，"高污染、高耗能、低效率"的粗放经济发展模式导致生态环境问题急剧恶化。针对这一生态环境问题，在马克思主义生态观的指导下，党的十七大明确提出将"建设生态文明"作为实现全面建设小康社会的奋斗目标的新要求之一。生态文明就是人类遵循自然与人的发展规律而取得的物质与精神成果的集合，是以人与自然、人与社会和谐共生、持续发展为理念的一种文明形态。

关于生态文明的研究，我国学术界产生了众多成果。这些有关生态文明研究的成果，系统研究了生态文明的基本内涵、社会发展阶段、文化理念、制度建设，以及实践路径等方面。如著名学者余谋昌先生从生态哲学、生态伦理学方面开创了我国社会科学的生态化研究，创造性地提出诸如"生态文化""生态工业"等概念。刘湘溶教授从伦理学角度系统研究生态文明，出版了《生态文明论》《生态伦理学》等著作。王如松从实践和技术角度研究生态文明，探究了"五位一体"的生态省市建设模式。曲格平从生态保护的角度阐释生态文明，提出了适合中国具体国情的环境保护理论等。叶谦吉教授在我国最早使用"生态文明"一词，他最早提出要大力开展生态文明建设，并把生态文明理念引入农业生产领域，旨在打造现代新型农业生产模式——生态农业。目前，学术界对生态文明的概念界

定并未统一。沈国明认为，生态文明可以从广义和狭义两方面来进行界定：广义上，生态文明是继农业文明、工业文明之后的一种新的文明形态；狭义上，生态文明指社会文明的一种形式，即生态文明是与物质文明、精神文明、政治文明、制度文明等并列的一种文明形式。俞可平在《生态文明系列丛书》的总序中将生态文明定义为：人类在改造自然以造福自身的过程中，为实现人与自然之间的和谐所做的全部努力和所取得的全部成果。王舒认为，生态文明是指人类积极改善和优化人与自然的关系，建设有序的生态运行机制，为保护和建设美好生态环境而取得的物质成果、精神成果和制度成果的总和。我们从这些定义可以看出，生态文明是人类与自然界实现协调发展的社会系统，其基本理念就是尊重自然、顺应自然、保护自然，其本质特征是和谐的自然—人类—社会复合系统。

二、国内外生态管理及创新相关研究及文献综述

创新的概念最早由美国经济学家约瑟夫·熊彼特提出，他在 1912 年发表的《经济发展理论》中第一次使用了"创新"词。他指出，创新是要建立一种新的生产函数，从而实现生产条件和生产要素的新组合。管理创新理论的研究开始于 20 世纪 60 年代，由于当时市场发展发生了翻天覆地的变化，许多企业在日益激烈的竞争中难以生存，大家纷纷探索能够使企业保持活力、发展壮大的管理方式，管理创新的研究应运而生。美国管理学家德鲁克首次将创新理论引入了管理领域，他在《创新和企业家精神》中提出，创新是一个企业寻求新的资源来产生财富或挖掘更多财富的手段。近年来，日本、美国等发达国家的企业中流行一种新的经营管理理论，被称为过程创新理论，反映了企业对新的管理方法的渴望。过程创新理论代表着西方企业管理的最新思想和管理方式的最新变革。

随着生态危机的日益加剧，发展生态文明及生态文明建设的实践问题被提到我国社会发展的日程上。生态文明建设的本质与核心是在生态科学范式和价值理念的导向下，在生态社会法律制度和生态文化的约束下，通过广泛的生态协同管理活动，发展生态生产力，推动人和社会的全面生态化进步，因而生态文明建设为我们进一步强化生态管理提出了迫切要求。经检索，关于生态管理的研究与探索的文章共 367 篇，其中博士和硕士论文 32 篇。经外文权威综合数据库搜索平台检索"ecological management"，共有 33 篇专业学术研究文章。国内外学者大部分都从以下两个角度来进行

研究：一是企业生态管理角度，学者普遍认为，生态管理就是企业按照可持续发展的要求，形成一种生态经营管理理念和相对应的生态经营管理行为；二是政府生态管理角度，政府创新被正式提出是在戴维·奥斯本和特德·盖布勒的《改革政府：企业家精神如何改革着公共部门》中，作者认为传统的政府管理模式已经不适应社会生产力的发展，必须进行政府行政改革，并据此提出了十大原则，其核心是政府必须像企业家一样追求效率。该著作引起学者的广泛关注。在美国，生态管理的理论研究虽然还不够成熟，但是其在实践方面已经得到普遍的认可和实施。除此之外，英国、加拿大、德国等国家也非常重视政府管理创新。国内学者关于政府生态管理的著作很多，但大部分都从具体的管理工作入手进行的研究，如刘丽华、李春 2005 年发表的《基于科学发展观的政府管理体制创新》，李影 2010 年发表的《政府管理创新生态系统研究》，冯迎新 2011 年发表的《生态政治学视野下的我国政府生态管理问题研究》，张浩 2005 年发表的《试论完善市场经济体制进程中政府管理体制的创新》，许鹿 2005 年发表的《和谐社会背景下的政府管理体制创新》，等等。改革开放以来，我国逐渐探索出了自己的经济发展模式，创造了许多举世瞩目的辉煌成就，但经济社会发展与资源环境的矛盾日益突出。要改变粗放的经济增长方式，调整不合理的经济结构，实现经济、社会和生态环境的协调可持续发展，就必须实现生态化管理。

三、研究的启示

我们从以上内容综合来看，我国理论界关于生态文明建设方面的研究取得了丰富的理论成果，为我国生态管理提供了有益的指导，但是我们对生态管理的研究还存在一定的局限性。第一，生态管理研究内容深度不够。现有研究成果较为丰富，但是普遍缺乏必要的深度，更多的是集中探讨某一生态管理的具体工作或问题，而不是从生态文明建设的宏观背景与现实需求出发来进行有针对性的深度研究，提出的对策建议难以转化为实践成果。因此，在对生态管理的研究过程中，我们必须重视内容的深化，结合现实问题，透过表象去挖掘深层次的内容，丰富生态管理体系的成果。第二，研究视角较为单一。目前针对生态管理的研究虽然形成了一系列的研究成果，有些也已经转化为国家的政策法规，但是研究视角较为单一，缺乏相关学科知识的引进与结合，为此，在对生态管理进行研究时，我们必须摆脱单一的研究视角，加强多学科、多层次的综合分析，开拓视野，借鉴生态学、管理学、经济学、政治学、社会学、法学等学科的研究方法和分析框架。第三，研究对象不够细化。不同历史时期、不同阶段所呈现的生态问题有不同的特点，在对生态管理进行探讨时，不仅要考量当前阶段的现状，也要注重不同阶段生态管理呈现出的侧重点。我国不少重要的生态管理方面的制度还没有建立起来，很多方面的制度实践也还是空白的。因此，对生态管理的研究，既要从宏观的国家战略的高度出发探索全国性的生态管理体系，也要关注微观层次的某一地区在生态管理中的特殊性。第四，实证分析较少。现有的对生态管理的研究，大多是从宏观上进行的探讨，多为抽象的规范性和理论性研究，缺乏从取得的效果角度出发对具体管理运行及其成效进行的研究。因此，我们要结合实证研究中获取的客观材料，分析事物的本质和规律，有针对性地提出进一步完善生态管理的途径，同时要加快推进生态管理的试点实践，以实践为基础是生态管理必须遵循的要求，在实践过程中不断总结经验，从而不断完善各种生态管理制度。同时，生态管理过程中依然存在认识不到位、体制不完善、机制不健全、监管不力等问题，这些难题的解决将是今后我国生态管理体系建设的主要目标。

鉴于此，本书以现有的研究成果作为理论基础，结合四川民族地区生态文明建设的实践情况，全面系统研究四川民族地区生态文明建设中的生态管理的成功做法，进一步消除生态文明建设过程中的障碍，从而增强民族地区生态管理研究的针对性、可操作性和应用性，在实地调研的基础上建立四川民族地区系统完整的生态管理体系。

第二节　相关概念

一、文明

（一）"文明"一词在西方的解释

文明，是一个受到学术界高度关注的术语，无论在西方还是东方，它都是一个内容丰富、底蕴厚重的用语。在文明形成和发展过程中，历史上出现过诸多对文明的不同理解和诠释；在文明发展到某一阶段时，人们对文明也有多种认识和解释。

纵观西方学者关于文明的认识和解释，他们大体是从如下几个角度进行定义的。

第一，强调文明是开化的行动，开化的状态。如法国《拉鲁斯词典》认为，文明的一个释义就是"使一个国家和民族开化，改善国民的物质和文化生活条件的行为（如'罗马人所创造的高卢文明'等）"。其他几部法国的大词典也持同样的观点，如《莱皮特·罗伯特词典》认为文明是"使开化的行动；开化的状态"；［不常用］文明是开化的现象，意味着"前进""进化"和"进步"。《法兰西学院词典》认为，文明是"开化的行为或者所有开化的状态"等。

第二，突出文明内涵中城市、城邦和治理精英的重要意义。如菲利普·巴格比（Philip Bagby）认为：我们都认同的是，文明是关于城市的文化，而城市则可以被定义为很多不从事食物生产的居民的住宅聚集区。莱纳·费尔哈特-霍兹曼（Laina Farhat-Holzman）指出：文明必须是一群人集中聚居在一个或多个城市，文明必须（至少）有劳动和专业化的分工，并且，其必须有剩余食品（财富）用来支持分工的专业化（军队及管理者等）。罗斯·麦斯威尔（Ross Maxwell）也认为：文明包括了在那些独立的专家支持下创造的或与之有联系的生存形式和活动模式。

第三，突出文明发展阶段的进步性特征。如法国《拉图培词典》认为，文明指的是一个社会的生活条件、知识、行为规则或（进步的）风俗的发展状态。这种意义上的文明，以单数形式出现，被用作表示借助知识、科学和技术朝向一个普遍理想的状态进步和完善的概念。文明是一个被认为是"进化"的社会所达到的状态。在这一意义上，文明与"野蛮""未开化"相对。因出版《文明的冲突与世界秩序的重建》一书而在世界文明史研究领域声名鹊起的美国学者塞缪尔·亨廷顿（Samuel P. Huntington，1927—2008年）也认为：文明是对人最高的文化归类，是人们文化认同的最广范围，是人类区别于动物的文化特征，文明既由共同的客观因素所确定，如语言、历史、宗教习惯、制度等，也根据人类的自我主观认同来界定。

第四，突出文明体现的是一种生产性社会及其所取得的成果。卡罗尔·奎格利（Carroll Quigley，1910—1977年）认为，文明反映了一个具有扩张工具的生产性社会。这种扩张工具包含了试图通过不同方式满足人类需求的社会组织，其中的人类需求包括提供群体安全，建立人际权力关系，积累物质财富，获得友谊、心理确信及理解等。谢帕德·克拉夫（Shepard Clough）提出了自己的见解："文明是指在诸如建筑、绘画、文学、雕塑、音乐、哲学及科学等审美和知识追求方面的成果，以及一个民族对人类及自然环境进行控制而取得的成就。"斯蒂芬·布莱哈（Steve Blaha）指出："关于文明的有效的专业定义是几千名以上的有共同文化的人组成的群体，通常使用共同的语言，通常在一个地理区域，有一些显著的建筑物及政治体制，该政治体制不一定要统一。"他的观点突出文明是人类社会各种事项的总和，强调其社会群体性、综合性。

（二）"文明"一词在中国的理解

在中国，文明一词也很早就出现了。按照《辞源》等相关辞书的解释，"文明"一词最早的内涵，主要表示文采光明，文德辉耀。至后期，文明的内涵中渐渐有了文化的内容，表示有文化的状态，与野蛮相对。在中国古代社会的发展过程中，文明所表达的一是经天纬地，应乎天而时行，人与自然要保持和谐；二是寻求光明，即文明就是破除蒙昧黑暗，追求光明。文明是从文采、才德、光明一步步过渡到与野蛮相对的有文化的高层次的人类社会的较高阶段和所取得的成就。近代以后，随着西学东渐的影响，西方的文明观念开始传入东方，进入中国与日本等亚洲国家。近代中国睁眼看世界的学者如魏源、梁启超、严复、谭嗣同和李伯元等，为将西方的文明观念引入中国做出了巨大的贡献。1894年中日甲午战争以后，以福泽谕吉为代表的日本的文明观念开始影响中国，至20世纪初叶，人们开始用"文明"来对译 civilization 一词。虽然现在要考证20世纪以后到底是谁第一个在翻译 civilization 时使用了"文明"一词（因为中文的"文明"一词自古就有），已经非常困难，但此时的"文明"已不被理解为中国古代意义上的"文采、才德、光明"，而是将其理解为"进步"，理解为西方社会的科技、教育、文化和艺术的成果，乃至西方社会的风俗习惯。这种理解已经非常流行，甚至成为青年人追求的时尚，如"文明婚"（西式婚礼）、"文明戏"（话剧）和"文明棍"（手杖）等纷纷出现。

1949年新中国成立以后，我们对文明的认识和理解虽然是多元的，但是在将文明视为进化、进步、发展和人类物质和精神成果及文化的发达等核心要素上，大家的认识基本上是一致的。如《现代汉语词典》（第7版）关于文明的释义有三种：第一种"文化：物质文明"，其中词条"文化"的解释为"人类在社会历史发展过程中所创造的物质财富和精神财富的总和，特指精神财富，如文学、艺术、教育、科学等"；第二种"社会发展到较高阶段和具有较高文化的：文明国家"；第三种"旧时指有西方现代色彩的（风俗、习惯、事物）：文明结婚、文明棍（手杖）"。《中国大百科全书·哲学》卷将文明定义为："文明是人类改造世界的物质成果和精神成果的总和，是社会进步和人类开化的进步状态的标志。"《辞海》对文明下的定义包含了三个要素：①光明，有文采；②谓文治教化；③指社会进步，有文化的状态，与"野蛮"相对。

概括上述辞典的释义，第一，文明等于文化，在许多场合，两者可以混用，比如中国古代文明，也可以说成中国古代文化；古埃及文明，许多情况下，也可以说成古埃及文化，等等。第二，文明的范围小于文化，它只是文化内涵的一部分，是文化释义中专指物质的一部分。比如，我们经常把考古遗址中发掘出来的建筑和器物等说成是"××文明"。第三，文明不是一开始就有的，它是社会发展到一定阶段（较高阶段和具有较高文化时期）的产物，常常被认为与野蛮、蒙昧相对立，是先进的、发达的对象，如社会，如国家，如文化等。第四，指具有西方现代色彩的风俗、习惯、事物等，这里的西方，实际上代表了近现代社会，所以这里说的文明结婚、文明棍等，就是指近现代社会的产物。

（三）中国特色社会主义：人类文明新形态

在庆祝中国共产党成立 100 周年大会上，习近平总书记深刻指出："我们坚持和发展中国特色社会主义，推动物质文明、政治文明、精神文明、社会文明、生态文明协调发展，创造了中国式现代化新道路，创造了人类文明新形态。"这里将中国特色社会主义的历史意义直接上升到人类文明形态的高度，强调"中国特色社会主义"创造了一种"人类文明新形态"，尚属首次。文明形态是观察、分析和研究中国特色社会主义的一个全新且重要的维度，中国特色社会主义创造的人类文明新形态，既体现了全人类共同的历史方向和时代的呼唤，又展现了独立自主的发展道路。中国特色社会主义创造的人类文明新形态是中国现代文明进程的必然结果。在统筹中华民族伟大复兴战略全局和世界百年未有之大变局的时代条件下，从理论上深入理解作为文明新形态的中国特色社会主义的基本特性，阐释中国特色社会主义何以开创人类文明新形态，对在新时代坚持和发展中国特色社会主义，推动人类文明进步和发展具有重大的理论和现实意义。

中国特色社会主义作为"人类文明新形态"，其背后的生成逻辑是：中国特色社会主义创造的人类文明新形态是中国现代文明进程的必然结果，中国特色社会主义在道路、理论、制度、文化四个层面的系统建构、有机统一中开创了人类文明新形态；中国特色社会主义在促进物质文明、政治文明、精神文明、社会文明、生态文明五位一体、协调发展的实践中，逐渐探索和建立以人民为中心的和谐统一的文明结构，开创了人类文明新形态；中国特色社会主义是对中国共产党百年奋斗实践和七十多年执政兴国经验的总结，在续写中华民族五千多年文明史，在充分尊重各种人类文明价值平等和相互区别的原则基础上，积极推动不同文明之间的交流互鉴，在自己选择的道路上，开创的一种人类文明新形态。

为了建成富强、民主、文明、和谐、美丽的社会主义现代化强国，以习近平同志为核心的党中央统筹推进"五位一体"总体布局并逐步推向实践。在"五个文明"中生态文明是前提条件，物质文明是根本基础，政治文明是有力保障，精神文明是根脉灵魂，社会文明是发展目的，"五个文明"共同构成文明系统整体，内部既相互影响制约，又彼此协调融合。经济建设决定政治建设与文化建设，而经济建设本身又必须用政治建设来保证，用文化建设来创造精神环境，否则无法建立健康的经济建设秩序；由此形成的经济、政治、文化必然要回到人们的日常生活中，进行民生建设即社会建设；以上各种社会活动必然会施加于人类生活的自然环境，影响人类生活的生态环境，为此必须进行生态文明建设，这种生态文明建设又构成社会经济建设的基础条件。在构成相互贯通、彼此相连的整体的意义上，物质文明、政治文明、精神文明、社会文明和生态文明是中国特色社会主义用实践话语写成的新型文明形态。

中国特色社会主义创造的人类文明新形态是对马克思主义文明理论的自觉运用和实践；中国特色社会主义创造的人类文明新形态，在实践中逐渐探索和建立了以人民为中心的和谐统一的文明结构。中国特色社会主义开创的人类文明新形态不是单调的，或者说不是局限在狭义的文化层面的，而是丰满的、立体的，表现在生态文明领域，就是围绕人与自然和谐发展的目标，坚持和完善生态文明制度体系，积极建设美丽中国，推动可持续发展。坚持人民至上的价值追求，物质文明、政治文明、精神文明、社会文明、生态文明相互协调，共同发展，形成了中国特色社会主义创造的人类文明新形态的鲜明特点。

在中国共产党与世界政党领导人峰会上的主旨讲话中，习近平总书记指出："当今世界正经历百年未有之大变局，世界多极化、经济全球化处于深刻变化之中，各国相互联系、相互依存、相互影响更加密切。"当今，不同文明之间的交流、交融和交锋更加明显，在充分尊重各种人类文明价值平等和相互区别的原则的基础上，积极推动不同文明之间的交流互鉴。习近平总书记指出：文明因多样而交流，因交流而互鉴，因互鉴而发展。文明交流互鉴应该是对等的、平等的，应该是多元的、多向的。同时，他也主张文明应走独立自主发展道路，认为"每一种文明都扎根于自己的生存土壤，凝聚着一个国家、一个民族的非凡智慧和精神追求，都有自己存在的价值"。中国特色社会主义究其发展实质，一方面，是对中华民族五千多年文明史的续写；另一方面，是对人类一切文明有益成果的汲取，是基于当代中国社会的现实所开创的属于自己的历史伟业，是对中国共产党百年奋斗实践和执政兴国经验的总结，是把马克思主义基本原理与中国具体实际相结合、与中华优秀传统文化相结合，自主创造的一种人类文明新形态。

二、生态文明

（一）生态文明的提出

资料显示，20 世纪 70 年代苏联学者第一次提出了生态文明概念，此后，中国学者和美国学者分别于 20 世纪 80 年代和 20 世纪 90 年代提出并使用这一概念。尽管如此，生态及生态文明的思想却是古已有之。如中国古代影响深远的天人合一思想，又如，在古希腊时期就产生了与现代生态文明概念有历史渊源的生态概念。马克思、恩格斯虽然没有论述生态文明的专著，但是在他们的著作中渗透了大量有关生态文明的思想。如马克思在《1844 年经济学哲学手稿》中明确地提出了"自然界的异化"思想。随着西方工业化的高速发展，大气污染日益严重、水污染加剧、生物多样性下降、森林面积锐减等生态环境问题凸显，频频发生的环境公害事件严重威胁人类健康；与此同时，石油等不可再生资源也逐步面临枯竭，能源危机极大制约着人类的生存和可持续发展，敲响了"增长的极限"的警钟。在此背景下，资源环境问题在国内外理论界受到广泛关注和重视，生态文明概念应运而生。

1. 国外生态文明的提出

学术界最早在《莫斯科大学学报·科学共产主义》1984 年第 2 期首次使用生态文明概念。1985 年 2 月 18 日，张捷在《光明日报》的《国外研究动态》栏目中对此进行了翻译和介绍，指出培养生态文明是共产主义教育的内容和结果之一。生态文明是社会对个人产生一定影响的结果，是从现代生态要求角度看社会与自然相互作用的特性。它不仅包括自然资源的利用方法及其物质基础、工艺以及社会同自然相互作用的思想，也包括这些问题与一般生态学、社会生态学、社会与自然相互作用的马列主义理论的科学规范和要求的一致程度。1995 年，美国著名作家、评论家罗伊·莫里森（Roy Morrison）在《生态民主》一书中使用了"生态文明"（ecological civilization）这一概念。在英文世界里，莫里森在该书中率先将"生态文明"作为"工业文明"之后的一种文明形式。因此，一般学者从文明形态说的角度出发，认为莫里森是生态文明的最早提出者。

2. 国内生态文明的理论探索

生态文明的概念出现后，我国生态文明的理论探索大体可分为两个阶段。第一个阶段是理论探索期，大体在 1987—2002 年。中国学术界最早探索生态文明发展问题可以追溯到 1986 年，在当年全国第二次生态经济学研讨会上，刘思华教授首次把生态文明纳入社会主义文明的框架，在参会论文《生态经济协调发展论》中率先提出了"社会主义物质文明建设、精神文明建设、生态文明建设的同步协调发展"的论点。

一般认为，著名生态学家叶谦吉教授在中国学术界首次明确定义了生态文明的概念。在 1987 年召开的全国生态农业研讨会上，叶谦吉教授提出了"大力提倡生态文明建设"的主张，并定义说明，"所谓的生态文明，就是人类既获利于自然，又还利于自然，在改造自然的同时又保护自然，人与自然之间保持着和谐统一的关系"，强调了人与自然关系的文明状态属性。

1990 年，李绍东从生态意识和精神文明建设的角度提出了生态文明的概念。他认为，生态文明就是把对生态环境的理性认识及其积极的实践成果引入精神文明建设，并让其成为其中一个重要的组成部分。

1994 年，申曙光发表了论文《生态文明及其理论与现实基础》。他认为，现代工业文明正走向衰退，生态危机是工业文明走向衰亡的基本标志，一种新的文明——生态文明，将逐渐取代工业文明，成为未来社会的主要形态。这是迄今为止我们看到的最早将生态文明确定为工业文明之后的新社会形态的文献，比英语世界里公认的莫里森的文献更早。1994 年，谢光前和王杏玲扩大了对生态文明的解释。他们认为，生态文明的进化和完善孕育了人类文明，人类的文明就是建立在生态文明基础之上的；他们提出，相对于过去的自然生态文明，当下是建立"人化生态文明"的时代。

1997 年，邱耕田从实践的人与自然的关系角度提出了生态文明的概念，认为：相对于人类改造自然的物质生产活动所取得的积极成果——物质文明而言，生态文明是人类保护自然的实践活动所取得的积极成果。邱耕田指出，生态文明是人类在改造客观世界的同时又主动保护客观世界，积极改善和优化人与自然的关系，建设良好的生态环境所取得的物质与精神成果的总和。他认为，自人类进入文明社会以后，物质文明、精神文明和生态文明就始终同时存在着。只不过与物质文明显性的、突出的地位不同，在人类社会发展的大部分时期里，生态文明处于次要的、从属的地位，是隐性的文明形式。此后，一批学者逐渐关注生态文明，发表了一系列文章，但总体上这一阶段相关论文和专著都并不太多。

第二个阶段是官方推动期，大体在 2003 年以后，"生态文明"这一术语逐渐被纳入官方话语体系。2003 年 6 月 25 日发布的《中共中央国务院关于加快林业发展的决定》正式提出，要"建设山川秀美的生态文明社会"，这是"生态文明"第一次进入国家政治文件。

2007 年 10 月，党的十七大工作报告中首次使用"生态文明"的概念，提出把建设生态文明作为实现全面建设小康社会奋斗目标的新要求；2012 年 11 月，党的十八大作出大力推进生态文明建设的战略部署，同时，党的十八大报告辟专章，集中论述了生态文明建设问题，进一步提升了"生态文明"在中国特色社会主义现代化事业及其总布局中的地位。

这一时期，学界发表了大量相关论文。到本书完成为止，在中国知网，以"生态文明"为篇名的期刊论文高达 19 339 篇，除 2003 年之前的 295 篇外，这一时期发表论文高达 19 044 篇，约占总数的 98.5%。

通过以上对生态文明历史发展的回顾，我们认识到：第一，生态作为一种社会存在，与人类生产、生活密不可分，可以说，它是人类生活的内在组成环节，反过来讲，人类也是生态系统中的一个环节；第二，现代人比历史上任何一个时期的人们都更加重视、关注生态问题，这主要是因为资本主义生产方式导致的资源枯竭、环境污染和生态恶化问题已达到史无前例的程度，若任其发展，极有可能导致人类历史进程中断，导致整个人类文明的覆灭。从人类自身生存角度出发，人类也不得不极力关注这一问题。

综合以上两方面认识，我们可以进一步得出结论：生态文明建设是由人类现实生产、生活困境引起的，但生态文明与人类的整个历史、整体命运息息相关。因此，生态文明建设不能头痛医头、脚痛医脚，不能作为局部的、战术性问题来解决，而必须以生态恶化问题为"索引"，"顺藤摸瓜"，深入生态问题的根本，站在整个人类历史的高度上来认识、来解决这一问题。历史事实证明，生态恶化的根本原因是不当的生产方式，特别是具有对抗性的资本主义生产方式。因此，虽然生态文明可以伴随人类的始终，但真正的生态文明建设一定要放弃导致生态严重恶化的旧的生产方式，要在新的社会主义、共产主义的生产方式条件下进行。这种生态文明建设是人既按照生态的尺度，又处处都把人的内在尺度运用到对象上去以实现人与自然和谐的生产实践活动。

（二）生态文明的内涵

生态文明的内涵主要包含以下四点：一是文化价值观上，从人与自然和谐共生的角度明确认识自然的内在价值，并形成符合自然生态原则的价值需求、价值规范及价值目标，同时也要让生态文化、生态意识成为主流的大众文化意识，生态道德成为普遍道德并具有广泛的社会影响力；二是生产方式上，要转变高生产、高消费、高污染的工业化生产方式，以生态技术为基础实现社会物质生产的生态化，使生态产业在产业结构中居于主导地位，成为经济增长的主要源泉；三是生活方式上，人们追求的不再是对物质财富的过度享受，而是一种既满足自身需要又不损害自然生态的生活，既不损害群体生存的自然环境，也不破坏其他物种的繁衍生存；四是社会结构上，表现为生态化渗入社会结构之中，但这只是社会的某些结构而不是整个社会结构发生变化，例如，在社会政策上考虑如何组织好经济，以便协调人类与自然之间的关系；在制定决策上，科学家和经济学家、人文学者对有重大影响的发展战略决策进行生态效益评估，以期实现人类活动对自然的破坏最小化并能够进行一定的生态建设。

1. 生态文明要求尊重自然

工业革命的兴起、工业社会的确立、工业文明的发展，在一定程度上促使了经济的发展，进而触发人与自然界之间的矛盾，即传统工业生产模式和生产方式与生态环境的矛盾，以至于催生社会加强了对生态环境的关注。人们迫切渴望认清人与自然的关系，解决人与自然的矛盾，改善生态环境，由此生态文明理念应运而生。从哲学角度来说，马克思曾经揭示，自然先于人类而存在，自然是人类赖以生存的环境，地球上所有的生命都不可能离开自然。人类作为地球上最高级的生物，妥善处理好自身与自然的关系，是最基础的生存法则，生态文明也正是以解决人类与自然之间的冲突为基本出发点。尊重自然，顺应自然，保护自然是生态文明的本质要求，它要求人们在与自然发生联系、产生影响进而改造自然的过程里，必须坚定不移地遵循自然发展的客观规律，按客观规律办事。在生态文明建设中，放在第一位的应该是明确人与自然的关系，掌握自然界的变化发展规律，而后根据双方相互依存相互影响的原则，依据事物客观发展规律进行调整，保障人与自然和谐相处，最终实现社会的永续发展。

2. 生态文明塑造生态价值

生态文明理念的提出，一方面是对传统主观价值论的颠覆，另一方面是对现代生态主流价值观的支持与保障。我们必须牢记"自然界不仅对人有价值，而且它自身也具有价值"。生态文明正是基于这层意义，既肯定自然的内化价值，又突出人类的外化价值。生态价值具体包含三个方面的基本概念：一是任何物种或个体都有对其他各个物种存活的积极意义；二是自然界的所有个体都对地球生态系统的平衡稳定发挥重要作用；三是自然界系统的平衡稳定是人类赖以生存的基础。生态文明不仅塑造了自身的价值，也为人类认识自身价值创造了有利的条件。

3. 生态文明追求双赢结果

众所周知，以往"高投入、高消耗、高排放"的传统粗放型产业模式在促使国家经济总量大幅度攀升的同时，也给自然界、生态环境及其资源能源带来了巨大的破坏。社会的进步不应该以牺牲生态环境为代价。在提倡生态文明的时代，产业结构的生态化已成不可逆转的事实。生态文明追求自然与社会的友好接轨及有序联系，主张淘汰以往落后的粗放型经济发展模式，主张建立一套全新的以保护生态环境为前提的产业发展模式，主张坚决不违背自然客观发展规律，并以生态发展规律为指导创建新型生态化产业形式。这就反映了生态文明不仅积极主动地承担了实现经济发展目标的责任，还坚持遵循生态客观发展规律，注重生态质量的提高，最终达到双赢的结果。

4. 生态文明提倡绿色消费

随着国家日益强盛，社会经济实力持续增强，人们的消费水平也日益提高，但与此同时，建立在毁坏生态系统基础之上的消费大量出现。生态文明所提倡的绿色消费与我们所倡导的可持续消费在本质上趋于一致，更是对可持续消费认识的进一步深化。不同于以往传统的消费观念，绿色消费是一种人与自然相互协调发展的消费观，追求对环境无污染无破坏的消费，以尊重自然发展规律为前提，积极培养人们爱护环境、保护环境的意识，树立正确且健康的消费观念，最终使消费的各个阶层、各个程序都实现有序对接，并与自然环境的动态发展实现良性互动。

三、生态管理

管理就是设计并保持一种良好环境，使人在群体里高效率地完成既定目标的过程。无论是过去的经验管理、制度管理，还是现代的文化管理、人本管理，都是围绕实现组织效益（效用）最大化来进行的。但是在实现组织效益（效用）最大化的引领下，相应人文环境的和谐及与非人类生物环境的协调的可持续发展的问题难以解决。为实现可持续发展，必须对现有的管理进行变革。

生态管理（ecosystem management 或 eco-management），20 世纪 70 年代起源于美国，目前已成为热门的研究和实践中迫切需要解决的问题。生态管理跨越了生物学、经济学、生态学、管理学、环境科学和系统论等学科领域，具有非常广泛的理论基础。生态管理由于自身的复杂性，目前其理论和实践研究仍处于发展中。不同的机构和学者从不同的视角界定生态管理，从不同的侧面对生态管理进行解释，揭示生态管理的内涵及性质，虽然还有不成熟的方面，但是也达成了一些共识。第一，非常强调生态与经济发展之间的平衡稳定状态，保证两者的可持续发展。第二，由于受各种因素的影响，在社会实践中人类对生态系统的认识和了解还不够深入，所以只能遵循预防优先的原则，以免造成不可逆的损失。生态管理从管理范式上实现了从传统的"线性、理解性"的被动管理转向"循环的渐进式"的适应性管理的巨大变革。第三，生态管理高度强调系统性和整体性，用整体和系统的思想来谋求社会系统和生态系统协调、稳定的发展。第四，生态管理是一种民主的管理方式，强调让更多的公众和利益相关者都能够更加广泛地参与生态建设和政府的生态管理活动中来。

生态管理就是运用现代科学技术和生态学、经济学、管理学等跨学科的原理来管理人类活动，力图平衡发展与生态环境保护之间的关系，以管理主体与管理客体之间，以及管理主体和管理客体与环境之间共生为基础，以协同发展、可持续发展为宗旨，以各自的阈限为前提，以适宜的生态位为保证，以动态平衡为途径，最终实现经济、政治、文化、社会和生态环境的协调可持续发展。

生态管理强调管理中组织要与相应的人文环境相和谐、与非人类生物和非生物环境相协调、共生，是一种实现可持续发展的管理方式，是管理的一次变革、一次质的飞跃。生态管理既强调管理要以人为中心，一切为了人、依靠人、发展人；又强调要与相应的社会经济政治文化所组成的人文环境及非人类的生物环境和非生物环境之间相互协调、保持动态平衡，在共生的基础上，实现协调、共同的可持续的发展。

第三节　生态管理的理论分析

一、生态管理具有复杂性的科学基础

生态管理理论作为一个新兴的理论热点，其理论研究和实践探索都需要在复杂的科学理论的支撑和指导下进行。生态管理打破了传统管理理论的机械论科学范式，管理的理念与方法论都属于复杂性科学理论的范式，它并不是简单地将环境管理进行延伸，而是一种具有复杂性的科学范式，它将生态学原理引入环境管理学中，是一种运用生态学理论来解决生态系统问题的新的管理方法。生态管理从系统和整体的角度出发，要求内部各要素之间达到相互联系、相互依存的状态，它实现了环境—经济—社会这个复合生态系统的有机统一管理。因此，在生态复杂性科学的影响下，人们充分认识到管理的复杂性、非线性、演进性和整体性。复杂性科学的不同发展阶段所产生的系统整体理论、差异协同理论、非线性因果关系等都属于复杂性科学范式，都与生态管理密切相关。

（一）系统整体理论

系统整体理论，也被称为系统整合原理，即系统中的整体是由各部分组合而成的具备一定特殊功能和稳定结构的有机统一体。系统结构具有层次性和功能的多样性。系统由各子系统构成，从内部结构来看可以分为不同的子系统，子系统内部又可以划分为更小的子系统。伴随生态文明时代到来的是更加高度整合的社会体系，在社会这一个系统内，各子系统都在发挥着各种各样的功能，社会生产力越发达，生产关系就会越复杂，社会成员为了完成工作任务，就必然要求人类社会进行各种组织管理活动，实现成员之间的分工、协作、竞争等，使成员的知识和能力互补互长，从而提高工作效率，完成各自的和共同的任务，这些都对生态管理提出新的更高的要求。进一步分析生态管理系统中各个子系统的地位和所发挥的作用，有利于发挥各要素"1+1>2"的功能。

（二）差异协同理论

现代社会作为人类生存环境的复杂系统，要保证功能作用的发挥，那么就必须把各个子系统有机统一起来，采取一定的有效方式来保障系统内外部的物质与能量的正常传递。这就激发了人们运用差异协同的理论来解决系统的这一问题。差异协同是指系统内部各要素之间既有同一性，又有差异性。社会复杂系统具有多层次结构，社会系统中包含具有思维能力和创新能力的人，包含理性和非理性因素，如人的思维、智慧和经验以及情绪、性格等，人具有较强的主观能动性，其活动具有较强的目的和计划性，每个层次的人的经济利益也存在差异。社会系统中的构成要素受环境的影响，并随环境的变化而变化，因此需要在特定的环境条件下、在差异的基础上不断协调各个方面，最终实现各要素的统一。生态管理要素众多，各生态主体和作用的客体都具有复杂性和多变性，因而必须注重系统内部各子系统之间的相互关系，重视进行生态管理过程中各要素在复杂实践中的功能发挥。

（三）非线性因果关系

非线性关系是指两个变量不成比例的一种变化关系。事物都处于某种相互作用的"网"中，任何事物与它的作用物之间都是相互影响的。系统是由各子系统及其相互作用构成的，系统的构成要素非常复杂，因此整体系统的功能并不是简单等于各系统要素功能的相加，一个子系统的微小变化可能引发整个系统的不成比例的巨大变化。同理，生态环境系统某一构成要素的微小变化都有可能使本系统或其他系统发生巨大的变化，因此考虑各要素彼此之间的作用和影响是必不可少的。

二、生态管理的人性假设理念

早期科学管理、要素管理，其基本假设是"经济人"，后来到管理学的行为研究阶段，其基本假设是"社会人"，现在的以人为本的主体主义管理学提出"复杂人假设"。虽然各种管理理论都提出自己的看法和观点，但是仍然没能从根本上解决人类生存、竞争与生态发展这一问题。在此基础上，我们对原有的"经济人假说"做了进一步的修订与补充，将"经济人假说"与生态理性相结合，提出"生态理性经济人"，实现了"既保持'经济人'的利益，又增加了对生态性因素的考虑"。生态理性经济人是将人的社会属性和生物属性进行了共同考虑，将环境资源的经济价值和自然价值进行了统一协调的新型人性标准。

生态理性经济人管理假设是当前超越"理性经济人假说"的一种全新的思路，蕴含着以下两个方面的基本价值假设。

1. 人性的基本假设

首先，人既是管理的主体，也是管理活动作用的客体。进入生态时代，人类必须服从共同的不可抗拒的自然法则，随着生态意识的不断增强，作为活动主体的人在实践活动过程中会更多关注人类活动是否有利于人与自然的和谐相处。现代科学技术成为实现人类与自然协调、可持续发展的重要工具，人类可以充分运用现代科学技术来认识和改造自然，从而实现人与自然的和谐发展。

2. 人的基本价值观

各种管理思想在建立时都会有相应的人性假设前提，生态管理则是建立在"生态理性经济人"的基本假设上的。生态理性经济人是通过理性思考并按生态规律来进行管理活动的。因此，生态管理的终极价值观是在进一步提升人的生活品质的同时，实现对自然的充分尊重与保护，最终实现人类与自然的可持续发展。

三、生态管理创新研究的重要意义

生态兴则文明兴，生态衰则文明衰。我国把"生态文明"理念和生态文明建设上升为国家发展战略，选择的是一种生态化的文明形态，采取了一系列科学有效的措施来保护生态环境，反映中国共产党的执政理念愈加重视"绿色"。"我们既要绿水青山，也要金山银山。宁要绿水青山，不要金山银山，而且绿水青山就是金山银山。"党的十八大将生态文明建设纳入中国特色社会主义事业"五位一体"总体布局，生态文明建设在国家发展中的地位得到大幅度提高，我国逐步探索出一条具有中国特色的生态文明建设之路。

随着发展与资源环境矛盾的日益突出，生态问题日益显著，促使我们必须要转变经济增长方式，调整经济结构，从而实现经济社会的可持续发展。作为管理史上的一次新的深刻的管理范式革命，生态管理应时代的需要而产生，迫切要求政府将对生态的有效管理提升为社会公众和政府管理的重要责任行为，同时企业实际管理工作的各个层面开始逐步呈现出生态化可持续发展的明显趋势。

生态文明建设研究中最关键、最重要的问题是生态管理创新，如何通过增强生态管理创新来推动我国生态文明建设，协调政府、企业和非政府组织作用的发挥至关重要。在全国生态环境保护大会上习近平总书记指出，"生态文明建设是关系中华民族永续发展的根本大计"，"总体上看，我国生态环境质量持续好转，出现了稳中向好趋势，但成效并不稳固。生态文明建设正处于压力叠加、负重前行的关键期，已进入提供更多优质生态产品以满足人民日益增长的优美生态环境需要的攻坚期，也到了有条件有能力解决生态环境突出问题的窗口期"。因此对学术界来说研究生态管理创新问题对生态文明建设和生态管理理论及我党的生态文明建设实践发展都具有重要的价值和意义。

（一）有利于新的生态管理理论与方式的培育

现有管理学理论的约束使人们形成了惯性思维模式，在管理实践中，人们总是不自觉地陷入某一些既有的管理思想和理论中，从而无法从根本上解决生存、竞争与生态持续协调发展的问题。要解决这一问题，必须根据外部环境的变化深层次更新目前的管理理念，为此，我们力图用生态学的思维范式来实现管理理念的一次深刻变革。我们在原有理论研究的基础上用生态管理创新创造性地联系复杂性的科学理论，在新的管理理念上进一步丰富了生态管理的理念研究，为今后进一步探索生态管理相关理论提供了重要的理论支撑和实践前提。在管理实践中政府转变职能，企业增强自身竞争力，社会组织要发展，都需要理论的指导，生态管理创新有利于培育新的管理理论，能够为生态文明建设中的生态管理实践奠定理论基础，同时能够为探索新的生态管理方式提供支持。因此，本书根据四川民族地区的发展状况及生态管理的现状，通过生态管理创新的多维度综合分析来构建我国民族地区的生态管理体系，推动民族地区生态文明建设的进一步发展。

（二）生态管理创新对生态文明建设具有重要意义

1. 生态文明建设的复杂性呼唤生态管理创新

生态文明是一种新的具体的文明形态，是人类正确处理生产与生态关系时思维和行为方式的总和。人类在自身发展的同时要保护生态环境，实现生态与经济、政治、文化、社会建设的有机结合与协调发展。我国生态文明建设还处于初级发展阶段：生态文明建设缺乏足够的经济支持，生态文明建设体系还不够完善，环保等相关政策与法律不够健全，环保事业的群众基础有待增强等，都对生态文明建设中的生态管理提出新的更高的要求。要实现生态文明建设的总体目标，我们需要进一步强化生态管理，进一步发展绿色经济，推动人和社会的全面生态化进步，最终实现生态管理大系统的完美运行及"1+1>2"的功能发挥。

2. 我国生态文明建设进程中生态管理创新的意义

研究生态管理创新对生态政治、生态经济、生态文化等子系统的发展和完善，都具有重要的推动作用。面临日益严峻的生态问题，我们需要按照新的思路，根据生态管理创新的诸多理论，统筹兼顾来推动我国正在进行的生态文明建设，从而为生态文明建设提供有价值的指导。生态管理创新理论的研究，有利于探索政府管理思路和管理方式的新出路。同时，生态管理创新积极研究政府主导的协同合作机制，提升政府环保意识和素养，提高合作水平，实现经济、社会与生态效益的有机统一，对经济社会的长远发展也有深远的实践意义。生态管理创新坚持建立绿色企业、发展绿色经济，加快了生态文化产业的发展，拓展了生态文化的领域和丰富了其内容，为生态文化的繁荣提供巨大推动力。

（三）生态管理创新有利于促进四川民族地区的生态安全和永续发展

四川民族地区的重要战略发展地位和特殊性决定了加强民族地区生态管理体系的研究具有重要理论和实践意义。研究民族地区的生态管理，关注的是微观层次的某一地区在生态管理中的特殊性，填补了民族地区生态管理研究的空白。四川省是我国"两屏三带"生态安全战略格局的重要支撑地区，其在维护国家生态安全和引领西部民族地区全面建成小康社会中发挥着不可替代的作用。作为我国重要的生态功能区，西部民族地区既是一个自然资源富集的地区，同时也是一个生态环境十分脆弱的地区。自2000年西部大开发以来，国家始终坚持资源开发与生态治理并举的重要战略方针，投入了大量财政资金进行生态工程建设。从目前的实际效果来看，局部生态得到较大程度的恢复和改善，但生态环境整体功能退化的趋势还是比较明显，未来较长的一个时期民族地区依然将面临生活水平提高与脆弱的生态环境破坏加剧的双重压力。民族地区面临着经济发展与生态建设的两难抉择，如何加强民族地区生态管理体系的构建与创新，探索具有民族地区特色的绿色经济发展之路，对当前和未来一段时期区域生态文明建设具有重要意义，这将直接关系民族地区的生态安全和可持续发展。本书结合四川民族地区生态文明建设的实践情况，在实地调研的基础上创新和完善四川民族地区的生态管理体系，从而提升民族地区生态管理研究的针对性、可操作性和应用性。

（四）生态管理创新有利于促进公众积极参与环保事业，使生态管理工作合理化、高效化

保护生态环境除了政府的积极引导与监督管理，还需要公众的积极参与，这是全民的责任，生态管理创新就是要建立政府主导下的协同管理模式。我国目前的生态管理工作取得了一些成果，但是实践过程中仍然存在比较多的困难和问题，各主体在生态管理活动中各司其职，缺乏沟通的渠道和平台，这严重地阻碍了我国生态文明建设的可持续发展。为此，政府要进一步转变自身的管理职能，支持和规范其他环保组织机构的发展，从政策与法律上为生态管理提供保障；建立和健全公众的参与机制，用制度来保障公民参与生态管理的权利，增强公众参与环境保护工作的意识；企业通过生态管理创新，改变过去重经济效益、轻环境职责的错误认识，树立绿色竞争的发展意识，将生态理念纳入企业的整体发展战略规划之中。通过建立广泛的环境保护统一战线协同管理创新机制，加强多方的沟通与合作，促使公众积极投身环保事业，投身生态文明建设，形成公众参与环境保护的行动体系；生态非政府组织还可以对政府与企业的行为实行有效监督，通过监督来促使政府和企业真正履行各自的环境保护职责。政府、企业和生态非政府组织三者发挥合力，共同推动我国生态文明建设的进程，促进生态管理工作的科学化和高效化。

第三章　生态管理创新的多维度研究

生态管理与民族地区的生态经济建设、生态政治发展、生态文化繁荣在目标实现上、发展观上及关系处理上都具有内在一致性。这具体表现为：二者在目标实现上具有一致性，即全面建成小康社会；在发展观上具有一致性，即可持续发展；在关系处理上具有一致性，即和谐发展。

生态文化理念、生态生产方式和生态生活方式的普及，皆有赖于生态政治的出现，以及政府对生态治理的积极推动。与一般的工业化相比较，生态现代化是一种更为综合、更为进步和更为精致的现代化，它在根本上需要生态政治和生态治理的协调推动。推进生态经济建设，必须积极发展生态政治，加强党对生态文明建设的政治领导力，这是推进我国生态经济建设的核心。在执行生态经济政策的过程中，会触碰各种利益主体的利益，如果没有强有力的政治领导力的推进，生态经济建设将困难重重；只有中国共产党这样一个真正全心全意为人民服务、一心一意发展生态经济的政党才能办到。要发挥我党强大的动员能力，在全社会大力倡导生态文明理念，强化生态政治意识；建设生态型政府，加强政府对生态经济建设的政策执行力，推进生态经济建设。一个生态型政府会把生态发展作为施政准则，把生态质量作为重要的考量因素，在经济政策的制定和执行中坚决调整和优化产业布局、淘汰落后产能、提升产业技术水平、促进经济结构转型，促使经济发展由主要依靠工业带动和数量增加带动，向三产业协同带动和结构优化升级带动转变。当前，政府要把节能减排作为重要任务，坚决抑制高耗能、高排放产业的增长，加快淘汰落后产能，大力发展循环经济，使经济发展建立在节约能源资源、保护环境的基础上；推行生态治理，务必要重视生态治理方式的变革，形成全社会共建生态经济；共享生态经济成果的治理局面，推进生态经济建设。生态经济建设不是单一主体可以完成的，需要多主体协调合作进行。政府应与企业、社会公众、环境保护组织等主体合作建立生态经济治理机制，在党的领导和依法治国的轨道上，协力推进我国生态经济建设。

第一节　生态管理创新与生态经济建设

一、生态经济概述

生态经济是将生态系统、经济系统进行交织并相互作用结合而组成的复合系统。生态和经济之间会涉及物质、能量和信息交换，以及价值的循环和转换，生态系统和经济系统，以技术作为核心内容，通过人类活动相互交织、耦合。另外，人类经济活动普遍在生态系统中进行，在很大程度上影响、改变了现代生态系统。例如，在开采自然资源的过程中，资源型城市形成，尤其在人类经济快速发展的过程中，资源型城市又会成为资源枯竭型城市。

生态经济建设相较于一般的经济建设而言具备一定的独特性，原因在于建设过程中会涉及自然资源、生态环境、社会经济、文化传统、政治体制等诸多因素。从现代经济学的角度来看，其特性具体体现在如下几点：

第一，初始投入大且不易收回。

生态经济建设的项目众多，其中包含生态农场、生态林场、生态水库等，然而这些项目无论建设规模大小，前期的初始投入资金都巨大，并且投入之后不易收回，也就成为"沉没成本"。换句话说，倘若将资金投入生态项目当中，则很难中途将其取回去投资其他项目，存在明显的"退出壁垒"，也正因为这一壁垒的存在，很多以经济利益最大化为目标的企业组织不愿意加入生态经济建设的队伍当中，因此当前生态经济建设呈现出社会资金供给不足的局面。生态经济建设项目一般周期长且见效慢，很多资金用在公益性基础设施建设方面。比如说生态农场的建设，很大一部分资金会用在排灌系统改造、水土保持等方面，并且一旦开工则无法改变用途，加之产权复杂等问题的存在，"沉没成本"也就形成了。

第二，效益多样但明显滞后。

生态经济建设项目能获得的效益是多样的，除了最基本的经济效益之外，在生态、社会、环境等方面同样有效益产出，并且都要比经济效益更明显。比如退耕还林的生态经济建设项目，为保证经济效益会选种更多果树、木本中药材等，这类树种在成长 3~5 年之后不仅能够通过收获的水果、药材产生经济效益，同时也能够带来间接的生态环境效益。具体来讲，生态经济建设项目产生的间接效益具有多样化特点，比如水土保持、空气净化、涵养水源等，但是这一点与追求经济效益最大化的企业组织的目标不一致，也就导致这部分组织对投资生态经济建设项目的积极性不高。同时，如上述所言生态经济建设项目的周期偏长，少则三五年，多则数十年，无论直接经济效益或是间接效益，都需要经历漫长的等待，所以投资效益的收回极为滞后，短期投资效益几乎没有，也就让许多普通投资者望而却步了。

第三，外部性极为显著。

依据主流经济学观点来看，项目的私人收益与社会效益不相匹配的现象称为外部性。倘若私人收益小于社会收益，则说明存在正的外部性，反之则存在负的外部性。不难看出，几乎全部的生态经济建设项目均存在正的外部性。比如我们在河流上游进行生态经济建设的投资，项目建成后能够产生显著的保持水土、涵养水源等生态效益，但这类效益多体现在中下游地区，对上游地区的作用不够明显，可见这类项目具有显著的外部性。在市场经济体制下，存在负的外部性的商品通常会出现供不应求与消费过度的情况，但存在正的外部性的商品则明显供大于求，进而出现"市场失灵"的情况，要解决这一问题则需要政府的调控干预。虽然许多经济学家并不支持政府对经济进行过多干预，但是要想解决生态环境建设中存在的问题，一定要发挥政府的作用。

二、我国生态经济管理的积极成果①

在习近平生态文明思想指导下，大力推动我国生态经济建设，对贯彻新发展理念、推进生态文明建设与经济高质量发展相协调具有重要意义。

习近平总书记明确提出发展生态经济是为了增进人民福祉，指出"良好生态环境是最普惠的民生福祉、最公平的公共产品"，"环境就是民生，青山就是美丽，蓝天也是幸福。发展经济是为了民生，保护生态环境同样也是为了民生"，让良好生态环境成为人民幸福生活的增长点。发展生态经济是为了更好地满足人民日益增长的美好生活需要，是为人民谋福祉，

① 白暴力. 大力推动我国生态经济建设 [J]. 红旗文稿，2021 (22)：31-33.

因此要始终把维护人民的根本利益作为发展生态经济的价值追求。

党的十八大以来，以习近平同志为核心的党中央始终坚持以人民为中心的发展思想，将生态发展理念贯穿于政府治理、企业创新、行业发展、公众生活各方面，强力推进生态环境治理，大气、水、土壤污染及人居环境恶化等人民群众关心的突出环境问题得到明显改善，城市空气质量达标比率、全国地表水优良水质断面比例不断上升，人民幸福感因此不断增强。

随着我国城镇化建设进入规模和质量并重的新阶段，生态环境服务业迅速兴起，城市园林绿化事业快速发展，人居环境得到改善的同时促进了人民增收。以习近平同志为核心的党中央始终站在人民立场上，着眼于第二个百年奋斗目标的实现，协调推进生态文明建设与经济发展步伐，人民群众源自生态环境建设与经济建设协同发展的获得感、幸福感、安全感显著增强。在习近平生态文明思想指导下，我国着力推进生态经济建设，经济与生态环境的协调发展不断取得实质性进展。人民群众是社会发展的主体动力，人民的创造性是生产力发展的力量源泉，要重视人民主观能动性的发挥，要顺应人民群众对良好生态环境的新期待，从人民群众对生态产品的需求出发创造新的经济增长点；变人民群众的生态需求为经济发展动力，充分调动人民群众的积极性、主动性、创造性，推动生态发展；发展生态经济需要汇集民智，充分发挥人民群众的智慧，才能更好激发经济发展活力。人民是生态经济发展的动力，同时也是生态经济发展的实践主体，只有充分尊重和发挥人民群众在生态经济建设中的主体地位和作用，让人民群众广泛支持和参与其中，依靠人民的力量，才能形成推动生态经济发展的强大合力。

（一）积极促进生态治理

党的十八大以来，我国将生态经济建设的认识程度、实践深度和推进力度提到了前所未有的高度，生态经济建设被摆在了重要的战略位置。我国不断加大对生态环境保护和环境污染治理的财政支持力度，环境保护投入持续增长；注重加强生态环境信息化建设，大力推进生态环境大数据工程建设，数据资源的整合和应用取得积极进展；我国围绕大气、水、土壤污染治理等重点工作，以改善生态环境为核心，扎实推进环境保护的工作取得积极进展；稳步推进天然林资源保护、退耕还林还草、退牧还草、防护林体系建设、河湖与湿地保护修复、防沙治沙、水土保持、石漠化治理、野生动植物保护及自然保护区建设等一批重大生态保护与修复工程的建设，生态环境治理力度不断加强，生态系统的质量和稳定性逐步提升。法治作为治国理政的基本方式，在我国生态环境保护和经济高质量发展过程中发挥着重要保障作用。党的十八大以来，我国生态文明顶层设计和制度体系建设加快推进，生态环境损害赔偿、排污许可、河湖长制、禁止洋垃圾入境等制度相继出台实施，使生态环境治理得到有力的制度保障。生态环境保护制度被列入坚持和完善中国特色社会主义制度的重要内容，标志着生态文明建设的制度设计成为国家治理体系和治理能力建设的重要组成部分。深化制度改革的同时也推动着法治建设的不断完善。2014 年《中华人民共和国环境保护法》修订通过，2015 年 1 月 1 日起施行，此后，我国完成了《中华人民共和国环境保护税法》《中华人民共和国环境影响评价法》《中华人民共和国海洋环境保护法》《中华人民共和国环境保护税法实施条例》《建设项目环境保护管理条例》等相关法律法规的修订，为环境保护提供了更加严密的法律保障，也反映了我国生态环境法治观念和意识在不断加强。与此同时，我国积极推进生态环境监测和环境保护督察及执法能力建设，相继印发一系列文件，推进省以下生态环境机构监测监察执法垂直管理制度改革。

实践表明，环境保护督察对环境质量提升和经济高质量发展具有正向促进作用，一大批长期难以解决的流域性、区域性突出环境问题得到解决，有力推动了生态环境保护责任的落实。要以习近平生态文明思想为指导，积极促进人与自然和谐共生，查漏补缺，形成一整套法律制度，以法治建设的积极成果为生态经济建设保驾护航，让法治成为生态环境保护与经济协调发展的核心优势之一。

随着我国对生态环境保护事业重视程度和生态环境治理力度的加强，以及生态经济法治建设的不断完善，我国生态环境的保护与治理取得积极成效。全国生态系统格局整体稳定，自然生态系统质量持续提升，生态退化范围减小、程度降低，生态系统服务功能有所加强，生态保护和恢复成效明显，生态状况总体呈现逐步改善的趋势；同时，植树造林成果丰硕，森林覆盖率显著提高，国土绿化取得显著成效，不仅为我国也为世界应对气候变化、荒漠化防治，推动全球生态环境治理作出重要贡献；此外，我国能源消费结构发生积极变化，清洁能源消费量占能源消费总量的比重不断上升，万元国内生产总值能耗不断降低，能源产出率显著上升，经济发展的生态化水平不断提高。这些成效的取得，源于以习近平同志为核心的党中央的坚强领导，源于新发展理念的理论指导作用，它们必将进一步促进生态环境保护对经济高质量发展发挥高效持续的作用。

（二）大力发展生态产业

党的十八大以来，我国发布多项政策措施，促进生态产业发展，加强经济政策激励引导，大力推进环境基础设施建设，以更充分的市场主体活力、更公平的市场竞争环境、更高效的生态环境管理水平、更协调的多方合作机制，切实增强企业生态发展的能力。同时，我国注重通过生态债券助力生态产业，生态信贷规模稳步增长，从 2013 年年末的 5.2 万亿元，增长至 2020 年年末超过 11 万亿元，居世界第一位，不仅解决了生态项目融资难、融资成本高等问题，也使更多资金聚集于生态产业和项目，为科技创新提供了强有力支撑，推动了产业转型升级、新旧动能转换的加快以及经济的高质量发展。随着生态产业发展政策的不断出台及资金投入的逐步加大，我国生态产业发展市场空间加速释放，生态产业在国民经济中的战略地位也不断提升。根据生态环境部数据，2019 年全国环保产业营业收入约 1.78 万亿元，较 2018 年增长 11.3%，增长的速度和质量效益协调提升，成为拉动经济增长的新引擎。同时，我国环保产业水平、技术水平与国际先进水平的差距在快速缩小，一些"卡脖子"难题逐步攻克，技术创新活力释放，部分产品和技术已达到国际先进水平。"十四五"时期，要坚决贯彻落实习近平生态文明思想，努力把短板补得再扎实一些、把基础打得再牢靠一些，生态产业作为推动生态文明建设和生态发展的产业基础，其空间和市场会越来越大，前景可期。我国生态产业发展取得显著成效，为探索推广生态保护与经济发展双赢路径奠定了良好基础。2017 年至 2021 年，我国先后四批命名了浙江省安吉县等 88 个地区为"绿水青山就是金山银山"实践创新基地，大力探索促进经济生态化、生态经济化的新路径，由点及面，推广经验做法，发挥带动作用，推进从资源驱动向创新驱动的转变，创新生态价值实现的体制机制，加快构建更多体现生态产品价值的制度体系。"两山"实践创新基地成功探索出了一批批"绿水青山"和"金山银山"相互转化的经验和模式，多地都走出了符合自身生态环境特点的生态经济特色发展之路，形成了品牌效应。

（三）大力实施区域生态经济发展战略

注重发挥比较优势，以点带面，推动生态经济建设在更大范围内取得实效。以长江经济带发展战略为例，沿线各省份厘清区域生态和经济发展脉络，打通双循环堵点，形成共谋生态与经济协调发展的合力，使长江经济带成为我国生态发展主战场、经济高质量发展先行者。在正确理念指引下，长江经济带经济高质量发展和生态环境保护趋于协同，对于全国区域生态经济发展有着重要参考意义。我国还把生态文明建设和打赢脱贫攻坚战结合起来，充分发挥地区资源优势和政策优势，走出一条"脱贫增收"和"环境保护"双赢的生态扶贫路径。"十四五"期间，我们要继续坚持生态发展，构建可持续的生态农业、生态工业、生态服务业体系，顺利实现从脱贫摘帽到乡村振兴的衔接与过渡。

三、我国生态经济管理创新的路径选择[①]

党的十九大把"坚持人与自然和谐共生"作为新时代坚持和发展中国特色社会主义的基本方略之一，大力推行生态发展新理念，决心实现我国生产方式、生活方式的生态转型。发展生态经济是我国进行生态文明建设的必然选择，也对我国社会的全面改革提出了新的要求。这要求我们在发展战略层面，要充分认识大力推进生态经济建设的重大意义；在思想认识层面，要牢固树立生态经济理念；在实践层面，要制定出推进生态经济建设切实可行的政策。

（一）战略转型：充分认识大力推进生态经济建设的重大意义

环顾世界，20 世纪 60 年代以来，人类中心主义的经济发展模式在全球性生态危机中日渐式微，一种新的现代化模式的生态文明应运而生。世界正走向人类与生态和谐共生的生态文明新时代。

1. 主动顺应世界生态现代化的必然趋势

在西方现代化过程中，工业主义和经济主义占据主导地位，由此带来环境污染和生态退化的问题，这引起了西方理论界的深刻反思。1986 年德国学者乌尔里希·贝克着重从风险社会的独特视角来反思经典现代化，认为人类经过一个长期的现代化过程已经来到了风险社会。世界性的环境生态破坏成为世界风险社会的重要形成动因和重要表现之一。可以说，人类正处于工业社会"创造性破坏"的历史时期，而这种"创造性破坏"不是来自传统的革命，而是来自西方现代化模式的负面效应。为了对西方传统

---

① 侯保龙. 推进生态经济建设：战略转型、思想转变与政策转换 ［J］. 齐齐哈尔大学学报（哲学社会科学版），2024（4）：87-91.

现代化理论和模式进行纠偏和完善，20世纪80年代德国学者胡伯提出了生态现代化理论。生态现代化是现代化与自然环境的一种互利耦合，它要求采用预防和创新原则，推动经济增长与环境退化脱钩，实现经济与环境的双赢、人类与自然的互利共生。生态现代化是由现代环境意识和生态文化引发的社会和经济发展模式的生态转型，追求经济有效、社会公正和环境友好。要实现生态现代化对经典现代化的超越，需要进行思想和文化的转型，这种转型的基本路径就是根植现代环境意识和弘扬生态文化，这种意识和文化以现代生态科学、环境科学、经济科学和生态现代化理论为基础，提倡高效低耗、高品低密、无毒无害、清洁安全、循环节约、公平双赢、生态生产、生态消费、预防创新和健康环保，主张谁污染谁付费、谁受益谁监督和谁渎职谁受罚，反对资源浪费、环境污染、生态破坏和超量消费，努力实现经济发展与环境退化的完全脱钩、社会进步与环境进步的良性耦合、人类与自然的互利共生。可以说，人类正面临着一次重大的生态现代化的文化转型。我国学者何传启把人类正进行的这种现代化转型称为"第二次现代化"或"新现代化"。如果说第一次现代化的主要特点是工业化、专业化、城市化、福利化、流动化、民主化、法治化、分化与整合、理性化、世俗化、大众传播和普及初等教育等，那么，第二次现代化的主要特点是知识化、分散化、网络化、全球化、创新化、个性化、多样化、生态化、信息化、民主的、理性的和普及高等教育等。在第一次现代化过程中，经济发展是第一位的，物质生产扩大物质生活空间，满足人类物质追求和经济安全。在第二次现代化过程中，生活质量是第一位的，知识和信息生产扩大精神生活空间，满足人类幸福追求和自我实现的需要，物质生活质量可能趋同，但精神和文化生活将高度多样化。

2. 不断满足人民日益增长的优美生态环境需要

改革开放以来，人民群众的物质生活水平有了明显提高，在此基础上，人民的需求更加多样，需求层次也不断提高，人民希望过上更加安全、舒适和可持续的生活。当前，良好生态环境已经成为最普惠的民生福祉，能否让人民群众吃上放心的食品、喝上干净的水、呼吸清新的空气、享受优美的环境，已经成为党的执政能力和执政合法性的重要考验。中国共产党不忘初心、牢记使命，坚持以人民为中心的发展思想，践行新发展理念，把人民对美好生活的向往作为党的奋斗目标，决心补齐生态发展的短板，让人民群众能够共享美好生态环境这个最公平的公共产品、最普惠的民生福祉。习近平总书记指出，"生态环境是关系党的使命宗旨的重大政治问题，也是关系民生的重大社会问题"。"广大人民群众热切期盼加快提高生态环境质量。我们要积极回应人民群众所想、所盼、所急，大力推进生态文明建设，提供更多优质生态产品，不断满足人民群众日益增长的优美生态环境需要"。

3. 实现我国经济社会高质量发展的内在要求

改革开放以来，我国经济建设取得巨大成就，人民生活水平大幅度提高。但是，对发展中存在的问题我们要保持清醒的认识。正如党的十九大报告所指出的那样，"必须清醒看到，我们的工作还存在许多不足，也面临不少困难和挑战。主要是：发展不平衡不充分的一些突出问题尚未解决，发展质量和效益还不高，创新能力不够强，实体经济水平有待提高，生态环境保护任重道远；民生领域还有不少短板，脱贫攻坚任务艰巨，城乡区域发展和收入分配差距依然较大，群众在就业、教育、医疗、居住、养老等方面面临不少难题；社会文明水平尚需提高；社会矛盾和问题交织叠加，全面依法治国任务依然繁重，国家治理体系和治理能力有待加强"等。中国特色社会主义进入新时代，我国经济已由高速增长阶段转向高质量发展阶段。把创新发展作为我国经济社会发展的第一动力，把生态发展作为我国经济社会持续健康发展的内在要求，是解决我国发展过程中面临的突出矛盾问题、实现高质量发展的客观要求。只有大力发展生态经济，才能从根本上实现我国发展动能的转换，才能实现我国经济效益、社会效益与生态效益的有机统一，才能实现我国经济可持续发展。

（二）思想转变：牢固树立生态经济理念

西方提出的生态现代化理论和方式还主要停留在技术改良和政策调整的层面，还未能从价值再造和制度变迁的深层次出发来推进生态经济建设。在不改变传统经济社会发展方式和人们生活方式的前提下，其只能是一种治标不治本的生态改良思想，无法从根本上改变当代社会的生态环境危机。从理论上，中国特色社会主义制度的完善为生态经济建设奠定了良好的制度基础。同时，生态经济建设也是我国社会生产力发展到一定阶段的产物。作为后发的现代化国家，我国不应低估生态经济建设的复杂性、系统性和长期性，必须从思想观念到制度变迁，再到生产方式、生活方式再造等各方面做好充分准备。由于思想观念的革新是生态经济建设的先导，我国应大力宣传生态经济建设的核心理念。

1. 在价值观上超越工具理性，崇尚生态价值理性

价值观反映了作为主体的人对客体有用性排序的理性认知。人类中心主义高谈人的主体性，"按照这种理论，人永远是主体性的存在，它物的价值在于作为客体来满足人的需要。物是手段，人是目的，是价值判断的标准"。建立在这种狭隘人类中心主义之上的所谓近现代西方工业文明，把自然作为人类谋取狭隘利益的工具或手段，它建立在两个人类臆想的假设之上：第一，它把人假设为一个理性的自利的"经济人"，这样的人不但在阶级之间、人与人之间争权夺利，造成严重的"发展赤字"，致使社会阶级矛盾丛生，而且在自然界面前也以统治者姿态自居，进行恣意剥削、掠夺和破坏，造成重重生态危机；第二，它把自然看作人类可以取之不尽、用之不竭的资源库，可以无限容纳人类各种排泄物的垃圾桶，造成严重的"资源赤字"和"生态赤字"，造成了生态环境、人的发展和经济发展三者关系的割裂。受经济全球化的影响，资本主义生产方式、消费方式向全球扩散，加上其他复杂因素，我国的环境生态问题也相当严重。马克思恩格斯早就告诫我们，自然界是"人的无机的身体"。人来自自然界，属于自然界，也依赖自然界，"我们连同我们的肉、血和头脑都属于自然界和存在于自然界之中"。人与自然界辩证统一的关系启发我们，中国经济社会进入高质量发展阶段，我们要超越传统工业文明的狭隘人类中心主义的工具理性，树立人与自然和谐共生的生态价值理性，要告别传统经济发展方式，走上人与自然和谐共生的生态经济发展新路。

2. 在发展观上超越经济优先观念，树立生态优先发展观念

在经济基础较为薄弱的时期，贯彻以经济建设为中心，大力发展生产力是十分必要的，而且彼时环境问题还没有真正成为阻碍我国发展的大问题，但今日我国的发展已经进入一个要求更高、注重质量发展的新时代。能否真正实现科学发展，能否做到人口—资源—环境的协调发展，已经成为我国能否实现可持续发展、能否顺利跨过"中等收入陷阱"的关键。我国经济转型后，要求我们摒弃"唯GDP"的增长观，树立经济发展、创新驱动、共同富裕、生态友好的可持续发展观。培养生态优先发展观念，实现经济发展与生态发展的共生共长，尊重生态发展权利，培养生态伦理道德，筑起经济发展不损害生态环境的思维底线，给后代留下足够的发展资源和生态空间，使我国经济社会朝着生态化和人性化的方向发展。树立生态优先发展观念，不是要回到绝对生态主义死胡同，而是要实现经济发展

与生态保护的双赢，同时经济发展要更多地依靠挖掘生态生产力，使我国的生态资本实现有效供给，逐步消除生态贫困问题。

3. 在消费观上超越物质主义，倡导生态消费

生产决定消费，消费方式的变革会倒逼生产方式的变革。习近平总书记指出："生态环境问题，归根到底是资源过度开发、粗放利用、奢侈浪费造成的。""要倡导推广生态消费。"建立在人类中心主义之上的物质主义消费观总是强调人类对自然的权利，忽视人类对自然的义务；总是强调自然对人类的服务性，而忽视自然对人类的制约性，强调商品的"符号象征价值"而忽视商品的使用价值，致使"消费不再仅仅是满足人们真实需要的手段，而成了人们社会地位和身份的象征"。显然，这种消费方式难以为继。生态消费观是对西方物质主义消费观的超越，这种生态消费观是建立在充分尊重生态价值的基础之上的，它不是不要人们消费，而是要求人们在生产和消费活动中体现生态价值观和生态伦理观，它体现了一种对自然界的新的责任感和道德观。生态消费观主张适度消费，反对炫耀性、奢侈性消费，它辩证性地认识到消费的两面性，也关注消费内容的质量和正当目的；主张公正消费，个人消费不能以损害他人或后代的资源为代价；主张生态道德消费，人类的消费应不超过自然环境的承载力底线，充分考虑对生态环境的保护义务。

（三）政策转换：切实推进生态经济建设

生态现代化是一次生态革命，涉及经济、社会、政治、文化、环境管理和个人行为的合理的生态转变。推进生态经济建设，必须进行艰巨的政策转换。

1. 积极培育生态文化，造就"理性生态经济人"

文化是民族的血脉和灵魂，有什么样的文化就有什么样的经济模式和行为方式。生态经济建设包含思想意识、行为、制度和产业四个层面，人的观念与行为态度是生态制度和生态产业的主观性支撑。只有生态经济建设的行为主体的文明观念和行为态度发生了"合生态"的根本性转变，我们才会有人与自然和谐相处的生态经济制度和产业体系。但是，传统工业社会的经济文化是一种高资源耗费、高污染、高消费的文化，是一种人与自然相对立的、以人的狭隘利益为本位的工业文化。今天，生态文明和生态经济的建设需要积极培育生态文化。生态文化的主体承担者称为"理性生态人"，这种崭新的人格可以弥补"理性经济人"的不足，从而形成我

国进行生态经济建设所真正需要的"理性生态经济人"。这种"理性生态经济人"是理性经济人和理性生态人的复合体，其不但积极追求经济利益的最大化，而且也追求生态效益的最大化，努力实现经济发展与生态保护的共赢。要发展生态经济，我们必须着眼于积极培养生态文化，造就大量的"理性生态经济人"。

（1）在学科建设层面上，积极培育和发展环境人文社会科学。环境人文社会科学由众多新兴的、交叉的和边缘学科构成，主要包括环境哲学、环境伦理学、环境美学、环境文艺、环境社会学、环境政治学、环境教育学、环境经济学和环境法学等。进行环境人文社会科学学科建设的基本目的，是研究和传播其独特的人文价值和社会批判精神，培养生态研究和应用的高端人才。

（2）在学校教育层面，建立环境教育体系。环境生态教育必须从娃娃抓起，在学龄前阶段的家庭教育和幼儿教育阶段，就应把培养孩子的生态意识纳入家风建设和幼儿园教育中，以培养孩子节俭的生活习惯，保护对自然的情感。从小学教育到中学教育再到高等教育，生态环境教育应纳入学生的必修课，作为毕业考试和升学考试的基本内容。

（3）在新闻宣传层面，应加强生态文明宣传教育，增强全民的节约意识、环保意识、生态意识，形成合理消费的社会风尚，营造爱护生态环境的良好风气。政府应利用全媒体体系宣传资源有限和生态恶化的现状；抑制炫耀性消费，宣扬环保生活方式；宣传典型的生态企业及其生产方式；宣扬典型生态文化建设实践；宣传资源节约型、环境友好型社会建设中涌现的先进政府、先进社区、先进企业和先进人物。对破坏生态环境的行为不能手软，要下大气力抓破坏生态环境的反面典型，释放严加惩处的强烈信号。任何地方、任何时候、任何人，凡是需要追责的，必须一追到底，决不能让制度规定成为"没有牙齿的老虎"。

2. 构建生态经济发展模式，实施生态主导型现代化发展战略

要进行生态经济建设，那现在的经济发展模式应该进行怎样的调整？现代化发展战略又应该进行怎样的变革？这两个重大问题关乎生态经济建设的成败，需要我们大力研究和积极探索。我们应反思经济主导型现代化发展战略存在的问题，积极探索生态经济发展新模式，实施生态主导型现代化发展新战略。该战略是引领社会主义生态文明建设的核心战略，它在生态经济层面的追求，就是通过政策推动技术革新和促进市场机制的成

熟，减少原材料投入和能源消耗，从而达到改善环境和发展经济的目的。换句话说，它力图在经济政策内嵌入一种前瞻性的环境友好因子，它并不单纯依赖政府等社会公共权威机构的推动，而是主要通过市场机制和技术创新的途径，促进工业生产率的提高和产业结构的升级，并取得经济发展和环境改善的双赢结果。因此，技术革新、市场机制、环境政策和预防性原则是生态主导型现代化的四个核心要素。

（1）加快建立生态环境保护制度，引导企业产业观念革新。

企业是发展生态经济的重要主体，培育大量的生态型企业是发展生态经济的重要任务。

首先，高度重视制度建设，建立国土空间开发保护制度，优化国土空间开发格局；对已经建立的耕地保护制度、水资源管理制度、环境保护制度要进行完善，做到严格执行。要深化资源性产品的价格和税费改革，建立反映市场供求情况和资源稀缺程度、体现生态价值和代际补偿的资源有偿使用制度和生态补偿制度；加强环境监管，健全生态环境保护责任追究制度和环境损害赔偿制度；"从政策上支持节能低碳产业和新能源、可再生能源发展，如通过减免税和优先融资等手段来支持"。

其次，加强生态科技产权保护，促进企业生产的生态化。科学技术不仅是第一生产力，而且是促使经济社会走向"生态化"所能依凭的第一要素。通过技术革新发展清洁技术，以技术去解决经济社会发展过程中的环境问题，把环境技术视为节能降耗、保护和改善环境的重要武器。通过技术进步，把经济活动对生态环境造成的负面影响降到最低。通过完善生态科技产权的法律和制度建设，激励企业通过技术进步发展循环经济、低碳经济和生态经济，促进生产、流通、消费过程的减量化、低碳化、资源化。

最后，企业产业观念革新的目标是实现生态与经济的良性互生。一方面，企业生产实现经济生态化，就是使经济活动更加符合生态原则；另一方面，实现生态经济化，使生态资源持续转变为经济资源。"经济生态化"与"生态经济化"是生态经济建设的一体两面，既是生态现代化的手段，又是生态现代化的目的，从而实现经济与生态的相互渗透、相互协调。

（2）推行生态 GDP 考核制度改革，倒逼各级官员政绩观念的革新。

"生态环境保护能否落到实处，关键在领导干部。""要落实领导干部生态文明建设责任制，严格考核问责。"要进一步加大生态文明建设指标在绩效考评中的权重，引导各级官员树立与生态文明建设相适应的新政绩观。为此，我国应当建立并严格执行体现生态经济观的干部考核、评价、激励制度，其核心是建立符合我国国情的生态 GDP 政绩考核体系。要按照人口、资源、环境相协调，经济、社会、生态效益相统一的总原则，建立一套行之有效的生态 GDP 考核制度。紧扣我国政府决策部署，突出"十三五"规划纲要和生态文明建设重要文件提出的目标任务要求，聚焦资源节约循环利用、污染治理和生态保护等重点问题；兼顾指标选择的科学性与可行性、代表性与可比性，并考虑各地区发展的差异性，全面客观地反映生态发展的总体进展情况；尊重公众的环境质量评价，以此倒逼各级官员形成生态政绩观。

（3）造就一支支撑生态主导型现代化发展战略的人才队伍。

要实现生态发展，除了党和政府坚强有力的领导和广大人民群众的参与外，还必须有大量的劳动力资源特别是各级各类人才资源的保障。人才资源是我国实现经济社会发展的重要资源。我国有丰富的自然资源（硬资源），缺少的是能够有效开发利用这些资源的人才和技术资源（软资源）。加强生态型人才建设，为我国生态主导型现代化发展战略储备稳定的人力资源。

（四）充分发挥地方政府在生态经济建设中的作用

生态经济建设工程涉及的因素众多，不可能一蹴而就，需要长期的坚持。从本质来看，生态经济建设主要依托系统的生态建设去促使社会经济与生态环境的协调发展，进而实现区域经济的可持续发展。大量实践表明，在区域生态经济建设推行中，地方政府的作用不可小觑。同时，我们也需要认识到不能够过分依赖地方政府，也不可让地方政府无边界无约束，其扮演的角色为主导者而非主体，这不仅仅是市场经济体制下政府的职能定位，同时也与生态经济建设的特性相关。如上述所言，生态经济建设存在显著的外部性，会带来"市场失灵"的情况，此时便需要政府进行适当干预，对经济发展与生态保护之间存在的矛盾进行协调，助力生态与社会经济的可持续发展。

1. 地方政府在生态经济建设中需要发挥的作用

（1）制定生态经济建设发展战略。

地方政府需要打破地方经济的本位主义与追求短期效益的局限，从战略的高度去审视生态经济建设，并且将生态经济建设目标融入国民经济发展建设的总战略目标当中。地方政府要深入探究生态经济建设的特性，充分结合当地生态资源优势去制定建设发展战略，将主要的生态产业确定好，配套发展生态高新技术产业及旅游业。在生态经济建设中，地方政府要牢记生态保护的理念，要平等看待经济目标与生态目标，既要经济效益，也要生态效益，才能够保证区域生态经济建设的稳健发展。地方政府在对生态经济进行长远规划时，一定要坚持实事求是与效率优先的原则，以此为指导去开展相关工作。

（2）控制生态环境污染的转移。

地方经济的发展建设需要认真审视招商引资这一重要手段。需要注意的是，由于地区经济发展存在失衡，生态环境污染有可能转移，所以地方政府通过招商引资去促进当地经济发展的同时，也要避免发生污染转移。在生态经济建设当中，地方政府应当重视对投资环境的改善，结合实际情况适度提高企业进入市场的门槛，确保生态保护能力不强或是意愿不强的企业被排除在外。同时，地方政府也需要对现有企业进行引导，将其培育成生态经济建设的参与主体，切不可为了政绩而枉顾生态破坏的风险去吸引外资，牺牲生态环境去换取经济发展的行为是不可取的。当然地方政府在设置生态门槛时需要遵守相应的法律法规，为限制企业生产经营活动中出现破坏生态环境的行为提供法律依据，对经济发展的全过程生态予以关注，从而促使企业放弃使用高污染、高能耗的原料与能源。

（3）大力兴建生态保护重大工程。

企业组织在投资中往往更注重短期效益，对投资周期长且收效慢的项目通常缺乏积极性。生态经济建设战略中存在大量的生态工程项目。这些项目与国民经济的可持续发展存在密切关系，其社会意义与社会效益更为显著，但这部分投资明显超出了企业组织直接投资的能力范围。所以我们认为应当由地方政府与中央政府共同来扮演投资主体的角色。与此同时，地方政府也可利用优惠政策对更多非政府机构进行引导，促使其能够按照地方政府的意愿去进行投资。随着我国社会主义市场经济体制的逐步完善，政府应当加大对企业的生态经济建设主体的培育力度，从而增强企业的生态保护自觉性，以良性市场竞争去推动企业不断向资源节约型生产方式转变。

（4）充分发挥市场激励机制作用。

只有创造出公平公正与自由竞争的市场环境，才能有助于生态经济建设发展。经济学理论表明，通过政府构建健全的环境资源产权制度才能够保证市场机制的有序运行，从而利用市场价格激励机制去定位生态要素。比如，可以对产生消极外部影响的企业进行罚款，或是对产生积极外部影响的企业给予税收优惠与补贴。结合当地经济发展实情，制定限制排污的最优排放量，确保排污控制在当地生态环境可以承受范围之内；同时，地方政府还需要对排污交易市场进行规范，下达各排污单位的排污总量指标，允许有偿转让排污指标，进一步激发企业治理污染的积极性。

2. 地方政府发展生态经济的有力举措

（1）分类区划。

发展生态经济是实现经济腾飞与环境保护、物质文明与精神文明、自然生态与人类生态的和谐统一和可持续发展的重要手段。因此，我们必须对现有生态资源做出经济评价，对利用资源产生的生态经济效益进行科学计算，对生态经济进行可靠预测。其办法是立足自然生态资源，选取关键指标因子，对生态经济建设进行分类区划，为制定生态经济总体规划和实施方案提供科学依据。分类区划要充分发挥森林的生态功能、经济功能和社会功能，以建立完善的生态保障体系和发达的经济产业体系为目标，结合地形地貌特征和经济社会条件，充分考虑生态区位的重要性，加强生态公益性资源的建设、保护和管理，优先确保生态屏障的建设，努力实现生态建设和经济产业的协调发展。要坚持统一技术标准、统一操作方法，达到生态经济建设区划的一致性。要根据不同自然条件和特点、生态环境脆弱程度、经济产业对生态系统的不同需求等因素，处理好近期利益与长远利益、局部利益与整体利益的关系，兼顾国家、集体和个人三者利益，做到既满足当代人的需要，又不对后代人的生存和发展构成危害。区划应以乡村为单位进行调整，尽可能保持集中连片，适当进行规模经营，以便管理和充分发挥其规模效益，最大限度地发挥自然资源的生态效益和经济效益。

（2）分区施策。

在生态建设方面，根据各类自然资源分布情况分区施策。推进天然林草保护、退耕还林和围栏封育，治理水土流失，恢复草原植被，保持湿地面积，保护珍稀动物，维护和重建湿地、森林、草原等生态系统，增强生态系统的水源涵养功能；严格保护具有水源涵养功能的自然植被，禁止过度放牧、无序采挖、毁林开荒、开垦草原等各种不利于保护生态系统水源涵养功能的经济社会活动和生产方式；维持原始自然景观，保护湿地及生物多样性，为水源涵养提供基础保障；提高水位、恢复湿地、治理沙化土地，严禁资源过度开采和湿地疏干改造；对已遭受破坏的生态系统，结合相关生态工程建设措施，加快组织重建和恢复；在不适宜人类居住、生产生活的生态脆弱地区和需要保护的区域实施生态移民，生态移民选址要考虑生态承载力。经济建设方面，要在保护生态环境的前提下，科学规划，合理开发自然与人文景观资源，发展特色生态旅游；控制载畜量，合理发展畜牧业及相关产业。

（3）重点突破。

鉴于生态处于"治理与破坏相持阶段"的实际情况，我们要以保护自然资源、开发生态资源、培育后续资源、优先发展环保型产业、建设良好生态屏障为目的。经济发展从产业内部结构入手，坚持以市场为导向，以质量和综合效益为核心，优化三次产业结构，推进产业升级，发挥产业集聚效应，做大做强特色产业，促进广大农牧民和林区职工增收、促进地区生产总值增长。在生态建设方面遵循自然规律，重点攻关干旱河谷造林、难利用地造林、荒漠化和沙化土地治理、泥石流灾害治理等生态植被恢复工程。在干旱河谷和土地荒漠化、沙化区探索试点"以水发电、以电提水、以水造林、以林养水"的生态植被恢复新模式，改善和保护生态环境，扭转局部地区生态环境日益恶化的严峻形势。在经济建设方面根据地区资源优势推广特色产业，争取国家生态认证，拓展市场营销链，提高经济效益。深化旅游产业发展，开展旅游资源全面清查，进行科学规划、决策，充分发挥地方自然、人文资源的优势，促进旅游业突破性的大发展；依靠旅游市场带动现代服务业发展，提高观光旅游质量，大力发展休闲度假旅游和生态、文化、红色、乡村、湿地等专项旅游。以农副产品、林副产品及微生物等生态资源为基础，建立白色产业，使工业化生产无污染和无毒副作用，生产出有益人和动物健康的安全食品，提高资源利用率，培育龙头或骨干企业，解决现有产业本身产值低、生产周期长的问题，为地方经济步入良性循环打下坚实基础。

第二节　生态管理创新与生态政治发展

面对日益严峻的全球化生态危机，人们开始重新思考人与自然的关系。在信息时代，人们在认清了自身与自然是相互制约的关系以后正在积极谋求与自然界的和谐共生。面对日益加剧的全球生态危机，世界各国都积极寻求在资源有限的情况下，建立一个科学、民主、公正、和平、永续、人与自然和谐相处的社会。今天的人类已深刻认识到"立足于有限的环境中永久的无限制的扩张的生活方式不可能持久，它追求扩张的目的越是成功，它的寿命也就越短"。在此背景下，生态政治逐渐成为国内外学者热议的话题，进入政治家的视野。随着中国加入世界贸易组织，现代工商业的规模效应不断显现，污染排放总量也随之增加，生态质量出现整体恶化的趋势。强化环境保护，践行科学发展观成为中国社会发展的目标。中国学者积极关注中国的环境保护和生态建设问题，一方面不断推进生态政治学理论体系的建构，另一方面不断加强生态政治学的应用型议题研究。

一、生态政治的含义

生态政治的兴起是 20 世纪中后期人类历史发展的重大事件，关于生态政治的定义，学术界各抒己见，观点不一。有的学者认为"生态政治是以追求人与自然和谐相处为目标，以反对传统政治制度和经济发展模式，实现人类社会的和谐发展为内容，强调人类整体利益和子孙后代利益的新兴政治运动"。有的学者则认为生态政治至少有三个方面的含义：一是指国际政治理论中新崛起的一个非主流的流派；二是指政治现象的一种表现形式和状态；三是指一门新型边缘学科，即政治生态学。笔者认为，生态政治的定义为：在一定经济基础和科学技术水平上，为了实现人们特定的生态环境利益，各种利益集团通过对社会公共权力的争取和运用，实现人与人、人与自然和谐发展的一种社会活动。

二、生态政治的内容

生态政治的内容即生态政治所思考探索的问题，是在政治系统内处理人与自然关系时应采取的对策、应实施的活动和应遵循的原则。它既包括国家内部的政府行为，也包括本国政府在国际上所进行的活动。

（一）政府决策行为生态化，构建生态型政府

政府的决策行为在促进生态环境持续发展过程中处于主导地位，它可以有效地利用权力，去直接影响经济发展的模式、公众行为，同时间接地影响生态环境的保护。"一个愚昧的决策可能污染一条河流，危害一座城市，毁掉一座城堡，危害可能远比刑事犯罪更严重。"因此，树立生态的政绩观，构建生态型政府成为科学的生态观的重要方面。生态型政府建设要求政府以生态优先作为根本的价值观，以生态管理作为政府的基本职能，并将向生态科学家咨询纳入政府决策机制的范围。面对日益严峻的全球性生态危机，再以国内生产总值（GDP）论英雄未免有失明智。当前，许多学者提出了"生态 GDP 核算体系"，很多有远见的国家都开始把生态环境保护作为一个重要的因素纳入 GDP 核算体系。因此要树立生态的政绩观，就是要建立符合科学发展观的新的考核指标体系，按照统筹人与自然和谐发展的要求，增加资源环境成本核算的内容，包括可量化的指标，如排污量的减少、环境质量的改善，以及非量化的指标如政策的制定、立法的形式、服务的质量、人民群众的满意程度等。适时健全相关的生态政策和法律法规，推进制度创新。健全与经济社会发展相适应的法律政策，为生态保护提供制度保障。此外，还应推进制度创新，建立跨部门、跨地域的协调机制，统筹处理人与自然关系中的全局性、战略性、区域性的问题。

（二）提高环保意识，鼓励公众参与

生态问题说到底是人的问题。当生态环境问题危及全人类生存发展时，生态问题的解决不仅需要政党和政府的更多关切，更重要的是需要亿万公民的共同参与和支持。环境保护中公众参与的思想形成于 20 世纪六七十年代。1969 年美国在《国家环境政策法》中明确提出了公众参与的要求，以后许多国家的环境法律及国际性法律文件都将公众参与作为原则写进法律之中。

公众参与的主要目的是制约政府的自由裁量权，确保政府公正、合理地行使权力。在我国，党和政府的决策必须首先立足于公众参与，以宪法法律的形式确保公众对环境问题充分的知情权、监督权和参与权；建立健全公众参与机制，加强社会团体、公益组织能力建设，鼓励公众、社会团

体参与公共事务决策、管理和监督；普及科学知识，增强全民环保意识。结合我国具体实践，应把人与自然和谐共生的理念同中华民族勤俭节约的优良传统结合起来，通过各种渠道，普及环保知识，形成珍爱环境，保护生态，人人有责的共识。

（三）加强国际合作，建立国际政治新秩序

当生态危机威胁全人类的生存发展时，生态问题实质上已成为一个全球性问题。保护和改善生态环境是关系到全世界经济发展和人民幸福的重要问题，也是全世界各国人民迫切希望解决的问题和各国政府的责任。具体来说，首先，要建立国际政治新秩序，各国在国际秩序中应遵循平等性原则，反对霸权主义、强权政治，消除对全球生态环境威胁最大的核军备竞赛。其次，必须建立全球合作伙伴新关系，在应对全球性生态环境问题时，坚持责任共担的原则。以全球气候变暖为例，自第一次工业革命以来，发达国家人均碳排放远高于发展中国家，大多属于消费性排放，而发展中国家的碳排放主要是生存型排放。因此在共同解决生态环境问题时，发达国家应承担主要责任。发达国家一方面必须率先向世界承诺宣布各自国家的减排目标，另一方面向发展中国家提供用于节能减排的资金和技术。这是发达国家不能推卸的道义责任。发展中国家应根据本国国情，在发达国家资金和技术的支持下，尽可能减少碳排放，发达国家和发展中国家共同努力，实现全球环境保护和全人类生存发展的目标。最后，在生态问题全球化的态势下，生态政治实质上已经超越了国界成为国际政治。解决生态环境问题需要世界性的眼光，只有加强国际交流和合作，整合国际上各种政治力量，才能形成全球性的人与自然和谐的态势，促进国内和谐社会的建设。

党的十八大强调，要把生态文明建设放在突出地位；习近平总书记指出，生态文明是关系中华民族永续发展的根本大计。要建设生态文明就必须彻底改变我国经济领域粗放型的增长方式，在生产、流通、消费各个领域，在经济社会发展各个方面，以节约使用能源为核心，以尽可能小的资源消耗，获得尽可能大的经济、社会效益，建设资源节约型社会；要以人与自然和谐为目标，以遵循自然规律为核心，倡导环境文化和生态文明，推动环境友好型社会的建立；必须正确处理经济建设、人口增长与资源利用、生态环境的关系，充分考虑人口承载力、资源支撑力、生态环境承受力，为统筹当前发展和长远发展的需要，不断提高发展的质量和效益，走生产发展、生活富裕、生态良好文明发展道路。

三、生态政治管理的重要意义

在全球化进程不断加深的今天，一国发生的情况也影响其他国家。流行病、环境退化、恐怖主义对我们大家都构成挑战；科学突破、信息技术、经济一体化可能使我们大家都受益。运用辩证唯物主义和历史唯物主义的观点全面考察全球化与生态环境的关系十分必要——全球化既是造成今天全球生态环境急剧恶化的深层次原因，又是克服生态危机、实现生态文明不可缺少的前提和条件。因此，人类应当有智慧充分利用全球化的积极因素，团结起来，共同应对全球化进程中的生态环境问题。

（一）生态政治观是人类解决全球生态危机的政治理念

20世纪50年代，西方发达国家遭遇了工业革命带来的最严重的环境污染和生态破坏问题，导致无数人因环境恶化感染疾病和死亡。生态环境的恶化已超出一国范围，成为世界性的社会公害，关系到每一个人的生存和发展。人类面临的气候变化、水资源危机、生物多样性消失、土地退化、有害废物的越境转移等全球性环境问题日益凸显，人们被迫开始反思人类发展与生态环境之间的关系。20世纪60年代，人们不再停留在纯学术层面对于人与生态环境之间关系进行探究，人们开始认识到人类的生存、发展与生态环境之间的高度关联性，并且出现以保护生态环境为主题的政治活动。20世纪90年代初，世界科学家联合会发起和签署了"世界科学家警告人类声明书"，在这份声明书上签名的有1 575位世界顶级科学家。他们在声明书中郑重向全人类发出警告：我们正面临着巨大危险。1992年，联合国环境与发展大会——里约峰会正式确立了可持续发展的战略思想，提出环境与发展密不可分，环境成为发展的内在因素之一。1997年《京都议定书》的签署让人们对人类免受气候变暖的威胁充满期望。但是，跨入21世纪后，2002年在南非约翰内斯堡举行的世界可持续发展首脑会议，并未使世界各国在促进可持续发展的行动上达成一致意见，发达国家采取环境保护行动的政治意愿逐渐消退，而发展中国家对生态环境的关注度快速提升。2007年，在达沃斯世界经济论坛上气候变化被评为最为棘手的全球性问题。从理念的产生到理论框架的形成，从专家、学者的警告到全球生态环境共识的达成，历经半个多世纪的现代生态政治，就是要求改造现有的政治体系以符合自然生态平衡规律。保护自然生态环境的政治，以保护与改善自然生态环境为目的，以政治为手段与工具，因此，生态政治已成为人类解决全球生态危机的重要政治理念和共识。

（二）生态政治运动是人类解决全球生态危机的重要实践

伴随着生态政治理念和共识的产生，生态政治运动更是风起云涌。20世纪60年代末，美、英、法、德等发达国家爆发了由民间自发组织的群众性集体抗议活动，从此拉开了当代西方生态政治运动的序幕。1970年，美国爆发由2 000多万人参加的公民环保政治运动，促成了世界"地球日"的诞生和1972年联合国第一次人类环境会议的召开。1971年，世界极具影响力的国际环境非政府组织——生态和平组织成立，之后其广泛开展活动，在反对一切核事物，揭露污染、破坏空气或大气层的重大事件，保护所有生物物种，与"地球化学化趋势"作不懈斗争中产生了重大影响力。1972年，当今世界最重要的国际环境机构——联合国环境规划署成立，该组织为保护地球环境和区域性环境，努力协调有关环境保护的国际公约、宣言、议定书的签署，并积极敦促各国政府对这些宣言和公约的兑现，为统一全球环保步伐作出积极努力。1972年新西兰价值党成立，标志着世界上第一个全国性绿党的出现。此后，1973年欧洲第一个绿党人民党成立于英国，1980年当今世界最有影响的生态政党——德国绿党成立。自1995年起，绿党在欧盟的芬兰、意大利、法国、德国和比利时等先后通过与其他政党组成联盟进入了全国性政府，构成了欧洲绿党自20世纪80年代初纷纷进入全国性议会以来的又一重大政治突破或"生态浪潮"。1984年，世界环境与发展委员会正式成立，世界性的探索可持续发展道路的努力正式开始。1993年，联合国可持续发展委员会成立，这是联合国强化其在全球环境治理中的作用的重要步骤。1997年《京都议定书》的签署，人类历史上首次通过立法对温室气体进行量化减排，要求发达国家从2005年开始承担减少碳排放量的义务，而发展中国家则从2012年开始承担减排义务。2007年联合国气候变化巴厘岛会议举行，会议通过巴厘岛路线图，确定2009年前完成京都议定书时代的国际气候机制的谈判。2009年哥本哈根世界气候大会，要签订2012年至2020年的全球减排协议，这对地球今后的气候变化走向产生决定性的影响，因此被喻为"拯救人类的最后一次机会"的会议，然而这次会议最终并未能出台一份具有法律约束力的协议。从20世纪60年代群众性生态政治运动，到20世纪70年代政党生态政治参与，再到20世纪80年代国家生态政治实践，以及20世纪90年代直至

21世纪以来的国际生态政治行动中可以看出，由于全球化而加剧的生态环境恶化，当它超出一国范围，成为世界性的社会公害时，直接影响世界上每一个人的生存和发展时，就要求全人类团结起来，共同应对。此时的生态政治不再是一人、一邦之政治理念和行动了，它已成为国际政治活动的重要组成部分，国际生态政治的发展与全人类息息相关。由此可见，人类面临的生态危机是全球生态政治产生的动因，生态政治是全球生态危机发展的必然产物。

四、生态政治管理面临的机遇和挑战

首先，人类生存的矛盾正逐步转变为经济发展和环境保护的对立，即人与自然关系的矛盾。"如同生产力和生产关系的对立统一推动了许多世纪人类社会的发展一样，环境保护和经济发展的对立统一正在上升为引导人类社会发展的新矛盾。"中国作为人类社会发展的一员，这种生存矛盾的转变无疑为中国生态政治的发展提供了广阔的政治空间。

其次，当代中国生态危机加剧的迫切性要求我们必须重视生态政治。经济的高速增长很大程度上是建立在以牺牲生态环境为代价的粗放型的增长模式上的。从这个意义上说，未来中国政府实施有利于环境保护的发展战略，争夺生态政治空间，强调环境安全，运用政治手段解决生态环境问题将成为不可阻挡的潮流。

最后，世界人类文明发展的趋势是在政治层面给予生态环境更多的关注。当前世界各国，特别是发达国家都把环境保护作为本国的战略目标，制定经济社会发展战略都率先把生态环境保护作为重中之重。从政治维度关注生态的可持续发展，已成为全球发展的态势。中国顺应全球化的趋势，也必将给予生态政治更多的重视和行动。

在全球化已成为世界发展趋势，全球性的生态危机日益恶化甚至威胁人类自身生存的今天，探析全球化与生态危机的关联，寻求化解全球生态危机之道，已成为世界各国政府的当务之急，也是所有关注人与自然和谐发展的学者们所应思忖的现实课题。

五、全球化时代我国生态政治管理创新的理论依据

正如吉登斯对全球化的认识："就其性质、原因和后果而言，全球化绝不仅仅是经济全球化，把全球化的概念局限于全球市场是一个基本的错

误，它同时还是社会的、政治的和文化的。它是我们生活中时空的巨变。"也正因如此，在全球化背景下，世界各国不仅在经济上要相互依存，而且在政治、文化、科技和生态环境上也会相互影响。我们反思过去50多年全球生态政治发展的经验教训，并把关注的焦点指向未来时，我们发现从斯德哥尔摩会议、里约会议、京都会议、约翰内斯堡会议，直到近年的巴厘岛会议和哥本哈根会议，关于全球生态保护所达成的协议及其履行和落实情况远未达到各类会议的预期和要求。笔者以为，缺乏科学的、有力的全球生态政治发展的共同理论基础是其重要原因之一。因此，在全球化背景下，发展我国的生态政治就必须依靠科学的理论指导。

（一）马克思主义是我国生态政治管理创新的理论基础

生态政治是人类遵循生态学原理和系统科学方法论，针对人类面临的以生态环境、自然资源等危机为主的各种危及人类生存的重大问题，寻求战略层次的根本性、长远性解决方式的政治思维和行动。马克思、恩格斯曾高度概括地提出：我们这个世纪面临的大变革，即人同自然的和解以及人类本身的和解。因此，人与自然的和谐发展只能依托人与人之间的社会关系的改变。也就是说，要从根本上解决全球环境问题，就要把环境问题纳入解决整个社会问题的总体框架之中。与此同时，马克思、恩格斯还深刻地揭示了生态危机的实质与根源。他们认为，人无止境地侵犯自然，自然界也会对人类做出报复，其结果是人类社会必然毁灭。生态危机将使我们人类丧失基本的生活要素，生态危机不消除，人就不能得到全面发展。而以牺牲自然环境为代价来获取的富裕生活，将使人与自然处于对立状态，因此根本谈不上什么幸福。他们把生态危机的根源归咎于资本主义的生产方式、生活方式和利润原则，认为生态危机是由全球化的资本逻辑带来的。因此，解决生态危机的最终出路，就是变资本主义生产方式为社会主义生产方式。马克思主义经典著作对社会制度、生产方式与生态环境关联性进行剖析，反对抽象环境论，使之纳入人与环境的体系之中，批判资本主义的发展观，主张环境保护和经济、社会、自然的共生观念，对于我们今天解决全球生态危机显然有着重要的启迪和指导作用。20世纪末，生态社会主义在全球生态运动中影响深远。当代生态社会主义的主要代表人物之一的美国俄勒冈大学教授约翰·福斯特强调："当今前所未有的全球生态危机向我们表明资本主义对环境造成的破坏的确超出了以前所有的社会。"他们认为，资本主义社会的危机从本质上说就是生态危机，而这种生态危机主要源自资本主义的生产方式，即以追求利润最大化为宗旨的资本主义生产方式，因此资本主义的利润动机必然破坏生态环境。当代生态社会主义对于当前发展我国社会主义生态政治也有着重要的借鉴作用。

（二）科学发展观是马克思主义生态政治管理创新理论的新发展

正是由于全球化的推动力，环境与经济协调发展的"可持续发展"思想和"循环经济"发展思路被广泛地推广到世界各国社会发展的政治决策中，并逐渐成为全球性的发展共识和发展战略。中国共产党在继承和发展马克思主义生态政治观的基础上，认真总结和吸收国内外在发展问题上的经验教训，提出了科学发展观。在科学发展观的框架下，党和国家把可持续发展作为发展战略，树立"全面、协调、可持续发展"的发展理念，强调以人为本、构建社会主义和谐社会、协调人与自然的关系等思想，并把建设资源节约型和环境友好型社会提到前所未有的高度。党的十七大把建设生态文明写入报告，使我们告别传统工业发展模式的步伐不断加快。科学发展观提出"以人为本"的基本观点，从根本上摆脱了"人类中心主义"和"自然中心主义"的局限，从而把人的发展作为社会发展的核心和最高目标。科学发展观强调"五个统筹"，即"统筹城乡发展、统筹区域发展、统筹经济社会发展、统筹人与自然和谐发展、统筹国内发展和对外开放的要求"。科学发展观蕴含着全面发展、协调发展、均衡发展、可持续发展和人的全面发展的观念。其中"统筹人与自然和谐发展"客观反映了生态问题政治解决的实质要求。科学发展观为我国生态政治发展提供了明确目标和方向，是马克思主义生态政治观在当代的新发展。

（三）习近平生态文明思想是我国生态政治管理创新的基本原则

习近平生态文明思想中的生态智慧突出地表现为内在紧密联系的三个重要方面：一是将生态问题看作关系党的使命宗旨的重大政治问题和关系民生的重大社会问题，即从生态政治高度认识生态问题的生态政治智慧；二是将建设生态文明当作各级领导干部肩负的重大政治责任，即从生态政治高度治理生态问题的生态政治智慧；三是积极参与全球环境治理，将国内生态政治与国际生态政治结合起来，即从生态政治高度积极参与全球生态治理的生态政治智慧。

六、我国生态政治管理创新的路径抉择

在科学发展观的指导下，人们的生态意识、环保观念普遍增强，人的思维方式、价值观念也发生转变。在今天，我国生态政治的发展之所以如此迫切、如此迅猛，与我们对生态环境问题的深切感受和领悟，以及与我们对多年来经济社会发展的得与失的全面反思不无关系。

（一）我国生态政治管理创新的历史逻辑

党的十七大报告明确指出，在看到成绩的同时，也要清醒认识到，我们的工作与人民的期待还有不小差距，前进中还面临不少困难和问题，突出的是：经济增长的资源环境代价过大；城乡、区域、经济社会发展仍然不平衡；农业稳定发展和农民持续增收难度加大。其中"经济增长的资源环境代价过大"位列当前发展中的困难和问题的首位。总体上看，我国资源总量虽然比较丰富，但人均资源占有量相当低，水资源、耕地人均拥有量仅分别为世界平均水平的28%和43%，石油、天然气人均储量不到世界平均水平的10%。与此同时，由高投入、高消耗、高污染的粗放型经济增长方式带来的工业废水、废气和固体废弃物排放量始终保持较高的增长，给生态环境造成很大压力。我国江河湖泊的水质恶化，水土流失、荒漠化严重，大规模矿产资源开采后造成的土地沉陷、植被破坏等生态问题频发。由上我们可以清醒地认识到生态政治发展的基本逻辑：粗放型经济增长方式必然导致生态环境的破坏，以牺牲生态环境为代价的经济增长决不能长久，在全球化时代，仅仅依靠单一技术层面的手段难以有效解决生态危机问题，只有从政治高度强力推动经济发展方式转变和经济结构调整，才能从源头上遏制生态环境的继续恶化。

（二）全球化时代我国生态政治管理创新的发展路径

在我国，生态环境问题加重与经济增长方式转变缓慢的矛盾，人民群众要求改善环境的急迫性与环境治理长期性的矛盾，污染形势日益严峻与国际压力日益加大的矛盾日益突出。要在全球化进程中缓解这一系列的矛盾，我国生态政治的发展必须做到内外兼修，选择符合我国发展路径的模式。

一方面，要在不断更新生态政治观念的基础上，强化法律、政策等强制性手段的运用，在经济和技术层面，以及完善政策主张与选择的层面发展生态政治。

另一方面，要积极融入全球化，清醒认识到全球生态问题对我国的可持续发展既构成巨大挑战，又带来巨大的机遇；要以更加灵活和积极的立场，在合适的时机采取合适的政策，将挑战转化为有利的发展机遇。

第三节 生态管理创新与生态文化繁荣

一、生态文化的内涵及发展

所谓生态文化，是指"人类在实践活动中保护生态环境、追求生态平衡的一切活动和成果，也包括人们在与自然交往过程中形成的价值观念、思维方式等"。生态文化建设不仅可以统筹当代人与自然和谐相处，合理开发和利用自然资源，也有利于着眼长远发展的问题，更加辩证地认识短期发展与长远发展的关系，从子孙后代的利益和福祉出发，努力创造健康、美好的生态文明财富和遗产。

从生态的视角看，文化是人类适应自然的一种特殊方式。学界普遍认同"生态文化强调人与自然的和谐发展，主张以人与自然和谐为尺度来观察世界、解释世界从而改造世界"。人类与自然日益紧张的关系促成了"生态"与"文化"的不断交叉与融合，从而形成了"生态文化"的观察视域。生态文化是社会主义文化强调生态发展、实现人与自然和谐共生文化的形象表达，也是我国走向生态文明新时代的重要文化形式。它建立在对自然生态系统的科学认识和理性尊重的基础上，提出人与自然平等和谐共生，秉持人性追求真善美的价值遵循和传递可持续发展的全球主流生态价值观。生态文化的起源可以追溯至人类图腾时代，远古时代的人们通过图腾来阐述人与神、人与自然、人与宇宙的关系，通过图腾来记录神话、传承民俗民风，这是最早的自然环境在人类主观意识和情感上的反映。在步入原始社会之后，人口的逐步增加加上人类对自然的认识和改造能力的增强，人类文明过渡到农耕时代，依靠自然并跟随自然的节律的生产生活方式和观念意识逐渐萌发，最终形成中华大地"天人合一"的思想。在生态危机逐渐成为人类生存与发展的主要威胁的今天，党的十九大报告将"坚持人与自然和谐共生"作为新时代坚持和发展中国特色社会主义的基本方略之一，提出"既要创造更多物质财富和精神财富以满足人民日益增长的美好生活需要，也要提供更多优质生态产品以满足人民日益增长的优美生态环境需要"。这标志着党和国家高度重视生态文明建设和发展。生态文化将成为本世纪的主流文化，也将成为中国当代文化的核心内容之一。

二、生态文化的特征

（一）传承性

中华文化历来强调"天人合一，尊重自然"，而生态文化则是受传统文化的影响衍生和发展而来的。道家提出"道法自然"，儒家认为"天、地、人三者互为手足，不可一无"。我国生态文化的思想源远流长，不断发展，是中华文明经久不衰的重要原因。社会发展日新月异，生态文化与时俱进，创新使生态文化生机盎然，只有创新，生态文化才能历久弥新，真真切切地融入人们的日常工作和生活中。

（二）整体性

从人与自然的共同体和人类共同体两个角度深刻认识整体的作用大于部分的简单相加，整体中的每一个部分都值得被认可和尊重，部分在和谐共生的基础上充分发挥自身的作用，才能促进整体的平衡与发展。生态文化涉及人、自然及其相互关系的各方面。任何一个地区的地理现象都要受到其他区域各种要素的影响，某些局部环境的破坏，可能引发全局的环境问题。目前人类面临的生态危机如全球气候变暖、荒漠化、臭氧层破坏及生物多样性减少等，给人类敲响了警钟。

（三）多样性

地球表面气候、地形、地质、土壤、植被、环境等构成的生态系统存在差异，与其相适应的生态环境具有多样性，不同区域的生态文化表现出地域多样性。世界上不同民族之间存在着政治、经济和文化的差异，决定了民族文化具有多样性。人类社会发展的不同阶段，也会产生不同时期的生态文化，这也决定了生态文化具有多样性。

三、生态文化管理的内容

（一）生态物质文化

生态物质文化体现了一个国家的科技实力和环境保护的能力。生态物质文化培育的目的，主要是满足人们对清洁的生态环境和健康无公害食品等的需求。对城镇进行科学规划和合理改造，大力发展生态城市、海绵城市，增强城市生态环境承载力。加大对环保的科技研发和资金投入，大力发展大气污染治理技术、污水治理技术、垃圾处理技术等。发展循环经济，防治环境污染，改善生态环境，适度消费，实现生态效益、经济效益和社会效益的和谐统一。

（二）生态精神文化

生态精神文化是生态文化的内核，反映的是人们认识自然、看待人与自然关系的态度。生态精神文化建设通过多种传媒手段普及生态价值观。生态精神文化受其他三种生态文化的制约和影响。把生态文化教育纳入国民教育体系，帮助人们树立正确的生态文化意识，启迪心智、陶冶情操，加强人们对生态文化的认识与了解，养成用生态文化思维的习惯，并树立良好的生态文化理念，从而让生态精神文化教育贯穿人们成长的关键时期，覆盖人们日常生活生产的方方面面。

（三）生态制度文化

必须构建完整的生态文化制度，生态环境依靠制度保护。生态制度文化建设包括两个方面：环境保护政策和环境保护法律法规。我国的环境保护政策有：《生活垃圾分类制度实施方案》《国家环境保护标准"十三五"发展规划》等。环境保护法律法规的实施是受国家强制力保障的，目前，我国出台了《中华人民共和国环境保护法》《中华人民共和国环境影响评价法》《中华人民共和国森林法》《中华人民共和国水污染防治法》等环保法律法规。

（四）生态行为文化

生态行为文化是人们在日常社会生活和生产活动中的具体表现。只有调动人们生态保护的积极性，发挥主观能动性，才能培育良好的生态行为。生态行为文化是连接生态物质文化和生态精神文化的纽带，无论是生态精神文化要转变为生态物质文化，还是生态物质文化转化为生态精神文化，都需要通过人们的具体行为来完成，而这种具体行为本身就构成了生态行为文化。推广使用节能产品、生活垃圾分类处理、鼓励使用公共交通工具出行、合理节俭消费等都是生态行为文化的具体表现。

四、生态文化管理的价值

生态文化建设能够提高全社会对生态文明理念的理性认知和情感认同，培养亲近自然和保护环境的行为态度，激发对自然伦理道德和美学价值的热情，引导人们尊重自然、敬畏自然、善用自然，推动全社会更好践行绿色发展，实现绿色增长。

（一）生态文化是解决生态危机和人类自身生存危机的需要

生态危机严重制约着经济、社会的可持续发展，进而造成人类自身生存的危机。人类必须不断创造新的生态文化来适应不断变化的生存环境，挽救支撑人类文明的环境。地球的资源是有限的，它属于我们，也属于我们的子孙后代。如果仅仅从当前经济社会发展的角度和利益出发，无节制地对自然资源进行掠夺式的开发和毁灭性的破坏，自然资源终会耗尽，生态环境也会遭受不可逆转的破坏。从这个角度来看，建设生态文明，保护生态环境，必须要与经济社会发展方式和结构有机融合在一起，只有这样，我们才会继续得到大自然的呵护，人民才能在良好的生态环境中生产生活，人类才不会在背弃自然的任性行为中走向毁灭。推动生态文化建设有助于提高公众乃至全社会的环境素养。传播和普及生态知识有助于增强公众的环境意识，改变大众对于环境的价值观念、情感认同、心理认识和行为理念，尤其是改变大众"科技至上""消费至上"等观念，将其转变为亲近保护自然和环境；使大众从衣食住行到价值观念、职业选择等都能从尊重自然、环境友好的角度来进行思考及做出决定。

（二）生态文化是生态文明持续发展的文化基础

"生态兴则文明兴，生态衰则文明衰"，生态关乎中华文明的永续发展。党的十八大提出"建设美丽中国，实现中华民族永续发展"的宏伟目标。我国人口众多，资源相对不足，生态环境承载能力弱。如果不能选取可持续的发展方式，不能很好地对资源和环境进行开发和保护，物质文明的发展就会陷入停滞和倒退，精神文明和政治文明的内涵也无法全面持续发展。生态文明建设是生态文化的核心内容，生态文化是生态文明建设的重要支撑，推进生态文明建设就必须注重生态文化建设。

（三）生态文化是全面建成小康社会的重要支撑

"小康"讲的是发展水平，"全面"讲的是发展的平衡性、协调性、可持续性。全面小康要求生态环境质量总体改善，生产方式和生活方式在生态、低碳水平上进行。我们有享受自然的权利，同样有保护自然的义务，因此，我们要重新审视开发自然、利用自然的方式和理念，努力寻求一条经济增长与生态环境发展和谐共生、互相促进的可持续发展之路，这也是全面建成小康社会的必由之路。推动生态文化建设有助于推动社会经济的高质量发展。自20世纪60年代以来，全球环境运动从诞生到壮大发展，催生了全球各地不同形式的生态环保运动的广泛开展，生态发展成了全球共识。对于中国来说，当前国内经济发展方式相对粗放、经济结构单一，离高水平的现代化经济发展和经济社会高质量发展还有很大的差距。随着生态与环保的信息和观念不断传播，公众对生活环境质量有了更高的需求。只有坚持加强生态文化建设，在全社会牢固树立生态发展的理念，才能够实现全社会坚持生态优先、生态发展的目的，从而助推经济社会向更高层次转型。

（四）推动生态文化建设有助于推动各级政府执政和施政理念向更高层次转型

强化生态文化建设，是国家及各级政府对人民寻求优良生态环境质量的回应。政府在执政和施政过程中，尤其是在制定法律法规、政策决策、制度等方面会更多优先考虑生态环境和生态发展。近年来我国地方各级政府在政绩考核中开始主动淡化经济比重，把生态发展及环境保护相关指标纳入考核指标体系，民生及环境问题得到更多关注。这既标志着我国经济已步入正轨，也反映出政府执政思路的转型。建设生态文明，需要加强生态文化的建设。生态文化是人与自然和谐共生、协同发展的文化。弘扬生态文化，建设生态文明，构建美丽中国，对新时代全面建设社会主义现代化国家具有深远的意义。

五、生态文化建设存在的问题

（一）地方政府或部门、企业和公众的环保素养有待提高

一些地方政府或部门在处理经济发展和生态环境保护关系时仍然存在顾此失彼、把握不准的情况，或者在践行生态发展时抓不住要点。一些企业在承担环境责任方面仍然不到位，违反环境法律法规现象时有发生，更谈不上更高意义上的履行企业社会责任了。公众环境意识亟待增强，在践行生态生活的意识和技能方面仍有很大提升的空间，在改变粗放消费模式、杜绝奢侈浪费、倡导生态低碳生活新理念，以及节约适度的生活新方式上仍有很大差距。当前，"绿水青山就是金山银山"已成为全社会的广泛共识，生态政绩观、生态生产观、生态消费观得到一定程度的普及，但离生态文化理念成为每个单位、家庭、公民的自觉意识，形成人人、事事、时时崇尚生态文化的社会氛围还有一定的差距，生态文化建设在政、企、民联动方面依旧面临一些亟待解决的问题。

（二）公众参与生态文化建设的社会监督渠道仍有待拓展

在生态文化建设中，政府部门作为生态文化建设的首要推动者发挥着重要作用。从公共管理学的角度出发，政府决策有时会存在政府失灵的现

象，这时候公众就应该通过更为广泛和畅通的渠道积极表达反馈和意见，有效规范公众在参与生态文化建设中应有的预警与监督的功能。生态文化建设是一项系统工程，其覆盖范围广、建设时间长，不是一蹴而就的。构建完善的生态文化制度是建设良好生态文化中非常重要的部分。一套科学、健全的制度有利于地方生态文化建设的顺利开展。目前，由于生态文化建设开始时间较晚，建设正处于初步阶段，因此地方生态文化建设制度还不健全。首先，不管是对生态相关的宣传和教育，还是对生态相关工作的管理都缺乏制度的规范和引导，不完善的制度致使开展生态文化建设相关工作难度变大。其次，生态文化建设中考核奖惩机制不完善。尽管已制定《中华人民共和国环境保护法》，但是各地生态文化建设考核奖惩机制并不完善，对于一些重点领域地方法规没有专门的要求，包括循环经济、生态补偿、生态修复、环境公益诉讼等，环保责任追究和环境损害赔偿制度有待进一步加强，资源有偿使用和生态补偿等机制没有全面建立，排污权交易、生态信贷、环境责任保险等仍处于探索与试点阶段，生态文化建设相关政策的完整性、系统性和有效性仍有不足。

（三）各类社会组织及力量参与生态文化建设的广度和深度有待加强

各类社会组织是重要的参与力量和组织形式，生态环境保护类别的社会组织其发展大多还处于起步阶段，普遍存在规模小、能力弱等短板，很大程度上限制了社会组织及公众参与的方式和能力。此外，各类社会团体、协会、学会、研究会、商会、促进会、联合会等组织在动员广大群众参与环境保护和生态文化建设中仍有巨大空间可以发挥作用，尤其是行业协会、商会可以充分发挥其桥梁纽带作用。

（四）生态文化建设能力有待提高

一些地方社会经济落后，经济总量小，综合实力弱。交通不便、信息闭塞致使科技、信息、资金等要素难以聚集，经济发展的粗放型增长方式尚未根本改变，产业难以做大做强，资源优势难以转化为产业优势和经济优势，工业化和城镇化进程明显滞后。国家对重点生态功能区的定位，使得一些地区难以大规模发展冶金、化工等工业门类；同时，与生态环境和自然资源相适应的生态产业体系尚未发展起来，经济基础薄弱，导致一些地方生态文化基础设施建设存在较薄弱的问题。有些地区尽管已经设立乡镇文化站，但是存在某些地方有站无址的问题。由于某些地方未意识到生态文化基础设施建设的重要性，尚未建立专门的生态文化机构去负责管理、落实、监督与生态文化相关的工作。除了机构的问题，还存在地区基础辅助设施设备质量较差、不完备等问题，文化活动的场所有限，甚至一些地方缺乏文化活动的场所。部分地区设立的文化活动场所的基础设施陈旧且简陋，文化活动室存在资源利用效率低等问题。这些问题严重影响了文化建设工作的顺利开展，也导致人们文化生活较单一的问题。部分地区还存在资金筹措、人员配备、机制创新方面投入不足、办法不多、措施不力的现象。一些地方尽管已建起文化广场、文化礼堂、休闲公园等公共场所，但是存在管理维护责任不明确，制度不健全，管理不到位的问题，致使一些地方基础设施的作用未完全发挥出来。

（五）生态文化建设的人才缺失

人才是生态文化建设的主体，但是随着社会的发展，农村的青少年大多在城市求学，农村的青壮年在外务工，而在农村留守的老人、儿童大多文化素质较低，生态文化意识淡薄，生态文化建设能力不足，导致农村生态文化建设主体缺失。发展生态文化建设需要依靠人民，人民在生态文化建设中的主体地位必须引起重视并得到尊重。要想发展好生态文化，就得依靠人民的力量。生态文化建设不仅存在建设主体缺失的问题，也存在生态文化机构工作人员年龄偏大、观念落后的问题。由于缺乏合理的人才流动机制，在岗的工作人员老化严重，而又未吸收高素质人才，导致生态文化建设缺乏创新性。再加上生态文化管理制度缺乏约束监督机制，致使多数生态文化建设基层部门工作人员的竞争意识不强烈，缺乏危机感，生态文化建设工作无法得到良好开展。

六、生态文化管理创新的路径选择

以生态文化发展规划为引领，以国家级文化生态保护试验区为平台，以产业生态建设为重点，提升生态建设水平，发展生态产业，完善生态制度，为全国同类地区发展生态文化提供示范。

（一）培育生态文化观念

培育公众生态文化意识，创建人与自然和谐发展的文明环境，提高公民生态文明素养。政府部门应加强环境教育，深入开展保护环境、节约资源等相关知识普及活动，鼓励公民积极投身环保公益，争做低碳生活的引领者；秉持勤俭节约为荣，奢侈浪费为耻的社会风尚，使生态文明观念入脑入心，从而提升各利益相关环节的环保素养。培育公众生态文化意识，打造以本土生态文化为核心主题的文创作品。主动挖掘森林文化、农耕文化、中医中药文化及茶、花、竹、石等饮食、习俗中蕴含的丰富的传统生态思想；开展弘扬与传承少数民族生态知识的活动，同时加强非物质文化遗产的保护与开发利用。非物质文化遗产承载着中华民族文化渊源的基因，代表着人类文化遗产的精神高度。要从挖掘文化底蕴，开展遗产研究，普及遗产知识，完善保障机制等方面开展工作，深度挖掘文化遗产的生态底蕴，将生态哲学、生态美学、生态伦理渗透到作品中，唤起民众的生态审美意识，促进生态价值观和生态审美观相融合，进而促进全民生态文化意识的形成。培育公众生态文化意识，打造生态图书馆、博物馆、科技馆等重点工程。鼓励建设生态博物馆，充分展示地方特色生态文化，重点建设以博物馆和特色村镇为载体的文化生态保护区，加快建成体现本土生活习俗、农耕文化的生态村寨。

（二）完善生态文化基础设施建设

生态文化基础设施是发展地区经济和改善人民生活的重要物质基础。生态文化建设存在的突出问题之一，就是公共产品不足，尤其是基础设施建设落后。基础设施建设问题不解决，生态文化建设就无从谈起。要实现产业兴旺、生态宜居、乡风文明、治理有效、生活富裕的总目标，就要建设和完善公共基础设施。建立完善的基础设施有利于提高群众参与生态文化建设的积极性，使农民积极主动参与到美丽家乡的建设中来，从而有效加快生态文化建设的步伐。一是要推进文体设施优质化，每个地区都应建立专门的文化机构，以落实生态文化建设工作。二是每个村都应该建立文化室，建设配套齐全的图书阅览室及老年活动中心，为人民提供很好的休闲运动场所，提高人们的生活质量，满足他们的精神需求。三是政府应加大资金投入，设立生态文化建设的专用资金，建立严格的资金管理、使用和审核制度，做到专款专用，确保有足够的资金进行生态文化建设。已设立生态文化专项资金的地区，应严格按照相关制度规定的程序使用建设经费，审核监督建设资金的去向，保障生态文化建设的顺利开展。

（三）加强生态文化人才队伍建设

人才振兴是乡村振兴的关键因素。实现生态文化建设，人是最关键、最活跃、起决定性作用的因素。生态文化人才队伍建设的关键在于要让更多的优秀人才愿意来、留得住、干得好、能出彩，因此要合理安排适合其的岗位，做到人尽其才。第一，创新人才引进机制，要积极创造条件，整合社会力量开展生态文化建设工作，鼓励高校毕业生、企业家和社会各类优秀人才加入生态文化建设的大家庭中，并且要大力支持"城归"群体和外出农民工回乡建设属于自己的美丽家园。第二，创造有利于优秀人才成长和发挥作用的良好生活和工作环境，完善相关人才管理和培养制度，定期对相关工作人员进行培训，提高其生态文化建设的工作能力，把现有的各类人才利用好、稳定好，充分发挥其在生态文化建设中的重要作用。第三，发挥人民的主体建设作用，完善人民参与的引导机制。通过微信、广播电视、报纸等媒体开展生态文化宣传教育，提升广大人民的生态文化素养，实现人民共建、共管、共治、共享人居环境的良好局面。

（四）努力完善生态文化建设的长效机制

生态文化要求摒弃传统的掠夺自然的生产方式和消费方式，提倡节约资源、循环利用，促使人们向崇尚自然、追求健康的理性状态转变，走可持续发展之路。首先，建设生态型政府。生态型政府在行政管理中要坚持生态效益优先的原则，把生态文化建设列入发展规划中，建立生态政绩观与干部考核评价机制，使生态文化建设具备良好的发展空间。其次，加强城市生态规划，科学发展生态产业。城市的生态规划是城市可持续发展的重要保证。要注重民意和基础资料的积累，按照一定比例精心设计、合理规划城市广场、林带、公园、街头绿地和街景。政府要易届不易图，一张蓝图绘到底，一部规划干到头。科学规划生态产业发展布局，推动企业发展生态产业，鼓励企业研发生态生产技术，引导企业向高科技生产方式转变。最后，引导人们改变生活方式，树立正确的生态消费观。

（五）不断完善生态文化建设的制度体系

生态文化制度建设不仅是生态文明的重要标志，也是生态保护的重要屏障。

一是完善规范稳定的国家财政投入机制。将禁止开发区域的规划、建设、管护、研究等各项资金全部纳入中央政府公共财政预算。各类禁止开发区域从总体上讲属于社会公益事业，也是纯生态产品的集散地，所需资金应全部纳入中央政府公共财政预算。

二是探索建立市场化补偿制度。坚持谁受益、谁补偿的原则，正确处理好政府"强干预"补偿和政府"弱干预"补偿的关系，推动地区间建立横向生态补偿制度，进一步探索市场化生态补偿机制。积极试点和推行资源使用权交易、排污权交易、碳排放权交易等市场补偿模式，形成层次分明、统一开放、竞争有序的现代资源环境市场体系。除资金补助外，产业扶持、技术援助、人才支持、就业培训等补偿方式应得到应有的重视。

三是促进生态优势进一步"变现"。改革国家重点生态功能区转移支付资金的分配方法，使部分转移支付资金直接拨付到户。强化资金管理，进一步提高资金使用效率，禁止挤占、挪用补偿资金现象的发生，做到及时足额发放。探索发展碳汇林业，将森林产生的碳汇纳入全市交易体系。利用碳排放权交易中心等平台，发展森林碳汇交易，使通过植树造林产生的碳汇可以变成真金白银。探索由企业、农民和政府共同参与的林业碳汇项目的"三赢"模式。

四是健全和完善公众监督和举报反馈机制。畅通各类社会组织及公众参与生态文化建设的渠道和途径，发挥舆论监督作用。良好的舆论监督是揭露问题的重要手段，完善舆论监督，公众应通过更多的渠道表达意见，发挥预警与监督功能。例如，加强"12369"环保举报热线管理，打通环保监督渠道，突出媒体的舆论监督功能，鼓励新闻媒体对各类破坏生态环境问题、突发环境事件、环境违法行为进行曝光，引导具备资格的环保组织依法开展生态环境公益诉讼等活动；同时还应发展壮大各类社会团体，如工会、共青团、妇联等群团组织、非政府组织、行业协会、商会等，鼓励其参与到生态文化建设中，发挥以上群团组织的桥梁纽带作用，拓展生态文化建设的广度和深度。

（六）努力提升全社会的生态文化素养

首先，要通过积极教育和引导，将生态文化理念内化为全民的自觉行动。要在全社会开展生态文化的针对性宣传，并在各个领域开展文化教育，让生态文明和生态文化更加深入人心，不断提升全社会的生态文化素养。其次，将生态文化教育纳入教育系统，实施终身环保教育。生态文化教育要从孩子抓起，从小培养孩子们热爱大自然、保护生态、爱护环境的环境道德观念和良好行为习惯，要在现有的教育体系中广泛融入生态文化教育内容，努力实现教育领域的全覆盖，通过增加生态生活教育内容，实施终身环保教育。最后，弘扬生态文化传统，促进生态旅游发展。生态文化具有传统性和时代性，既要弘扬生态文化传统，又要根据时代发展需要赋予其新的内容，注重生态文化传统的再教育，要让生态文明理念与传统文化有机结合起来，将传统文化中的天人合一等思想与人与自然和谐发展的理念融合起来，促进当地政府和民众重视环境保护和可持续发展，引导当地居民进行生态家园的建设，从而增强民众对当地文化的自豪感，促进文化传统的传承和各种文化遗产的保护。

（七）广泛开展生态文化活动

宣传全面推进全域生态文化建设的重要意义，引导公众自觉关心支持生态文化建设活动，并广泛且深度参与其中，做到家喻户晓、人人关心。从教育的角度发力，大力倡导人与自然和谐相处的生态文化理念，提升生态文化创建水平，践行生态文化承诺，将生态文化知识和生态意识教育纳入国民教育和继续教育体系。此外，应充分发挥各级各部门、各行业在生态文化建设中的重要作用，积极促进生态文化活动进社区、机关、学校、军营、厂区等，利用世界水日、地球日、环境日、海洋日、保护臭氧层日等重要国际及国内环保节日，开展群众喜闻乐见的生态文化活动。

第四章 生态管理创新的区域研究：以四川民族地区为例

第一节 四川民族地区生态管理概述

一、四川民族地区经济社会发展概况

本书提及的"民族地区"，是少数民族地区的简称，这是一个相对宽泛的概念，还没有严格的官方或学术定义。我国少数民族地区资源丰富，民族众多，加快少数民族地区的经济发展对整个国家而言有很重要的战略意义。

本书认为少数民族地区一般是指：①特定的一个或几个少数民族世代生活的地方；②人口较为集中，少数民族人口比例较高的地方；③拥有鲜明的民族特色、民族习惯及民族文化；④一般享有一定的自治权。

四川是一个多民族的大省，民族地区的面积占全省面积的60%以上。四川包含甘孜藏族自治州（以下简称"甘孜州"）、阿坝藏族羌族自治州和凉山彝族自治州，再加马边彝族自治县、峨边彝族自治县、木里藏族自治县、北川羌族自治县4个民族自治县，使四川成为中国第二大藏族聚居区、中国唯一羌族聚居区、中国最大彝族聚居区。其中，甘孜州地处四川、青海、甘肃三省交界处，是西藏的门户，其经济发展和社会稳定直接影响其他藏族聚居区的稳定和发展。从具体分布来看，四川有55个少数民族，其中世居的少数民族有彝族、藏族、羌族、苗族、回族、土家族、傈僳族、纳西族、蒙古族、满族、布依族、白族、傣族、壮族14个。

改革开放以来，四川省民族地区与省内其他地区的经济差距逐渐拉

大，城乡二元结构、"三农"问题等长期存在。如果不及时解决这些问题，不仅会制约经济的良性循环和健康发展，而且会危及社会稳定和长治久安。四川民族地区的经济发展遵循着区域经济发展的一般规律，但由于其鲜明的民族特色和资源禀赋结构，也具有区域经济发展的特殊规律。

二、四川民族地区生态管理的重要意义

第一，有利于营造良好的生态环境。发展和完善四川民族地区的生态环境系统的作用是：首先，给人类提供优质的生存空间；其次，供给满足人类经济发展所需的资源；再次，同化或吸纳因人类经济活动产生的废弃物，保持人与自然的良性互动和维持其自我净化的功能；最后，加强生态管理有利于营造良好的生态环境，进而促进四川民族地区经济社会持续快速发展。

第二，有利于政府有效解决生态危机问题。政府通过制定法律、发展经济和宣传教育等各种手段，有效发挥调控作用，引导生态管理，有效提升生态管理的制度化水平和效率。

第三，有利于企业履行社会责任。从本质上讲，能有效运行生态管理模式，是企业在极为激烈的市场竞争中履行社会责任、走向成熟的标志。因此，当下加强四川民族地区生态管理有利于四川民族地区企业实现其自身的可持续发展，从而逐步增强四川民族地区的企业担当社会责任的能力。

第四，有利于加快四川民族地区生态文明建设的步伐。建设生态文明的标准包括实现高度发达的社会文明、维持良好的人与自然之间的关系。生态文明建设的主体主要由五部分组成：政府、企业、学术机构、非政府环保组织、社会公众。其作用分别是：①政府制定政策和法律制度；②企业优化经营理念和生产方式；③学术机构进行理论和技术的创新，以及培养创新型人才；④非政府环保组织通过宣传等方式适时唤醒人们的生态意识，并监督各方的生态行为；⑤社会公众参与具体的生态文明建设的实践。上述五类主体的作用是相互关联、相互依存和相互促进的。适时加强生态文明建设主体的生态管理，能大大加快四川民族地区生态文明建设的步伐。

第二节　调查情况分析

一、调查的目的和任务

建设生态文明是贯彻落实科学发展观、全面建设社会主义现代化国家的必然要求和重要任务。由于长期采用的是主要依赖投资和增加物质投入的粗放型经济增长方式，能源和其他资源的消耗很快，生态环境恶化问题比较突出。我国民族地区的生态环境脆弱、自然灾害频发，并且民族地区的经济体系存在着整体水平低、资源利用不合理的问题。随着社会经济的快速发展，社会经济活动中一些不合理的生产活动和消费方式，又加剧了民族地区生态环境的进一步恶化。因此，生态文明建设与环境保护，无论对实现以人为本、全面协调可持续发展，还是对改善生态环境，提高人民生活质量，都是至关重要的。生态管理是构建社会管理创新体系的重要内容和坚实基础，生态管理创新的研究不仅仅是一个具有重要学术意义的理论问题，更具有重要的现实意义。本次调研旨在摸清凉山民族地区政府生态管理的基本情况，培养生态意识，构建生态管理体系，促进经济、社会和自然的和谐发展。

二、确定调查的对象

本书的调查对象是凉山民族地区。

三、调查资料的取得方式

本书采用问卷调查法、抽样调查法获取信息。2022 年 6 月 2 日我们用问卷做了初步的调查，并对出现的问题进行了修正，2022 年 6 月 3 日至 2022 年 6 月 5 日正式进行问卷调查。调研方式是运用问卷星在网络投放问卷，分为两组进行调查。

四、问卷设计

(一) 第1组问卷

民族地区生态管理问题调查

很感谢您能抽空填报本次问卷!

1. 对于以下说法,有些人同意,有些人不同意,请问您是怎么看的?
请在表4-1的右侧栏内打"√"。[矩阵单选题] *

表4-1　生态管理问题调查（一）

	很不同意	不同意	中立	同意	很同意
地方政府生态管理强调整体性和系统性,谋求社会经济系统和自然生态系统协调、稳定和可持续的发展。	○	○	○	○	○
地方政府生态管理的目的是限制地方经济的发展。	○	○	○	○	○
地方政府只须履行常态生态管理职能,对于生态危机管理职能不需要重视。	○	○	○	○	○
地方政府能不能加强生态管理与地方政府行政人员有没有生态环境保护意识并没有直接的关系。	○	○	○	○	○
地方政府希望在生态与环境保护上的资金投入尽快转变为经济效益。	○	○	○	○	○
地方政府在发展经济的过程中,可以忽视生态与环境保护,对一些企业超标排污、破坏环境的行为不需要监管。	○	○	○	○	○

2. 您对地方政府在生态经济管理方面措施的认知度如何? 请在表4-2
的右侧栏内打"√"。[矩阵单选题] *

表4-2　生态管理问题调查（二）

	是	否
您是否同意先污染后治理,先发展后保护不是地方政府应有的经济发展模式?	○	○
您是否同意应发挥社会组织在发展生态经济中的积极作用?	○	○

表4-2(续)

	是	否
您是否同意地方政府应大力发展生态环境治理与生态环保产业、绿色高新技术产业等绿色产业?	○	○
您是否同意地方政府应加快技术创新,为实现经济生态化提供技术支持?	○	○
您是否同意地方政府应该建立适应生态经济发展要求的政府业绩考核体系?	○	○
您是否同意地方政府应鼓励社会组织在环保领域进行投资,并设立环保基金或发行生态债券?	○	○

3. 您是否愿意参加有关地方政府生态管理的听证会?( )〔单选题〕*

○很不愿意 ○不太愿意 ○一般 ○比较愿意 ○很愿意

4. 您是否赞同"少数民族很多生活习惯都遵循(天人合一、人与自然万物和谐共生)的生态环保规则或理念"这一观点。〔单选题〕*

○A. 赞同

○B. 不赞同

5. 您在民族地区学校接受过与专题生态环保法治相关的宣传教育吗?如聆听生态环保法治讲座、观看生态环保法治教育影视节目( )?〔单选题〕*

○A. 接受过

○B. 没有

○C. 没有,但经常接受生态环保道德方面的教育

6. 中共中央、国务院制定了《中央生态环境保护督察工作规定》,中央实行生态环境保护督察制度,设立专职督察机构,对各省、自治区、直辖市党委和政府,国务院有关部门以及有关中央企业开展例行督察,并根据需要对督察整改情况实施"回头看";针对突出的生态环境问题,视情组织开展专项督察。对此您( )。〔单选题〕*

○A. 并不知道

○B. 感觉跟我无关

○C. 有一定的了解

○D. 比较了解

7. 您认为自己有（　　）的崇尚勤俭节约、减少损失浪费、选择环保产品和服务、减少污染排放等绿色消费理念。［单选题］　*

　　○A. 很好

　　○B. 较好

　　○C. 较差

8. 您所在的当地政府对环境治理（如制定生态环境保护制度、执行环境保护制度、惩治环境违法行为等方面）持什么态度？（　　）［单选题］　*

　　○A. 积极治理环境

　　○B. 不了解

　　○C. 不积极，只是应付

9. 您知道向地方政府环境保护部门投诉的途径吗？（　　）［单选题］　*

　　○A. 知道，且查询过

　　○B. 知道，但没有查询过

　　○C. 不知道

10. 在日常生活中，您是否关注地方政府在生态环保建设方面所做的工作？（　　）［单选题］　*

　　○A. 很不关注

　　○B. 较不关注

　　○C. 一般

　　○D. 比较关注

　　○E. 非常关注

11. 请问您的文化程度：（　　）。［单选题］　*

　　○A. 初中

　　○B. 高中

　　○C. 中专、中技、职高

　　○D. 大学

　　○E. 研究生及以上

12. 您认为环境保护的责任主体应该是谁？（　　）［多选题］　*

　　□A. 政府

　　□B. 绿色环保志愿者组织

□C. 社区

□D. 企业

□E. 公民个人

□F. 其他

13. 您向地方政府投诉环保问题的原因是？（　　　）［多选题］＊

□A. 影响市容市貌

□B. 影响个人家庭的生活

□C. 无宣传环保意识

□D. 影响城市生态环境建设

□E. 影响社会秩序

□F. 其他

14. 如果您遇到生态环境纠纷，通常是采取何种方式解决？（　　　）

［多选题］　＊

□A. 自己谈判解决

□B. 求助媒体，通过媒体协调

□C. 找环境卫生部门保护自己合法权益

□D. 通过私人关系，找私人解决

□E. 通过法院打官司解决

□F. 视其他同类受害者情况而定

□G. 自认倒霉

□H. 说不清楚

15. 您对环境与生态保护方面的知识主要来源于哪些方面？（　　　）

［多选题］　＊

□A. 电视

□B. 广播

□C. 报纸

□D. 杂志或书籍

□E. 互联网

□F. 课堂

□G. 政府部门的宣传

□H. 单位的普及教育活动

□I. 绿色社区志愿者组织的宣传

□J. 其他

（二）第 2 组问卷

民族地区生态管理问题

您好！非常感谢您参加本次的问卷调查。为更好地了解民族地区的生态管理情况，我们设计了这份问卷，现邀请您填写。您填写的全部内容，仅用于学术研究，不会对您的生活造成任何影响，请放心填写。

1. 您的性别？（　　）［单选题］＊
○男
○女

2. 您的文化程度？（　　）［单选题］＊
○高中及以下
○大专及本科
○本科以上

3. 您是否认为当前公众生态环境法治意识比较薄弱？（　　）［单选题］＊
○是
○否

4. 您对环境与生态保护方面的知识主要来源于哪些方面？（　　）［多选题］＊
□电视
□报纸
□网络
□课堂
□政府部门宣传

5. 在日常生活中，您是否关注民族地区地方政府在生态环保建设方面所做的工作？（　　）［单选题］＊
○很不关注
○较不关注
○一般
○比较关注
○非常关注

6. 您认为环境保护责任主体是谁？（　　　）［单选题］　*

○政府

○绿色环保志愿者组织

○企业

○公民个人

7. 您是否曾经因环保问题向地方政府进行投诉？（　　　）［单选题］　*

○投诉过，只有很少几次（请跳至第8题）

○投诉过，且频率很高（请跳至第8题）

○没有投诉过（请跳至第9题）

8. 您向地方政府投诉环保问题的原因。（　　　）［多选题］　*

□影响市容市貌

□影响个人家庭生活

□影响城市生态环境建设

□宣传环保意识

9. 您认为民族地区生态环境管理会遇到哪些问题？［多选题］　*

□自然气候恶劣

□地理位置偏远

□民众环保意识薄弱

□发展旅游业造成污染

□风俗文化活动造成的破坏

□其他

10. 您认为民族地区政府在环境生态管理问题现阶段面临的主要问题是。（　　　）［多选题］　*

□自身的环境与生态保护意识欠缺

□在生态与环境保护方面投入不够

□相关的法律建设不完全

□行政人员办事效率不高

□存在地方利益保护主义

□缺乏统一管理

□民众参与度不够

11. 民族地区地方政府应加快建立和完善生态管理信息系统。（　　　）

［单选题］ ＊

　　○很不同意

　　○不太同意

　　○一般

　　○比较同意

　　○非常同意

12. 民族地区地方政府加强生态管理与群众生态环境保护意识有直接关系。（　　　）［单选题］ ＊

　　○很不同意

　　○不太同意

　　○一般

　　○比较同意

　　○非常同意

13. 民族地区地方政府应加大对生态环境改善及保护的资金投入。（　　　）［单选题］ ＊

　　○是

　　○否

14. 您是否认为需要有相应的生态政策做法律的配套？（　　　）［单选题］ ＊

　　○是

　　○否

15. 您是否认为当前生态法治建设与生态危机的现状不适应？（　　　）［单选题］ ＊

　　○是

　　○否

16. 您对民族地区生态环境管理有哪些建议？［填空题］

五、问卷调查的情况及资料分析

（一）第 1 组调查情况

1. 分别从以下几个方面进行调查

（1）凉山民族地区人们的生态环境保护认知程度调查。

生态环境保护认知程度是人们对生态环境保护的认识水平和认知程度，表现为为保护环境而调整自身活动与行为，是协调人与环境、人与自然相互关系的实践活动的自觉性。是否具有生态环境保护意识，能否将生态环境保护意识自觉地外化为生态环境保护的日常实践是民族地区人们能不能积极参与生态环境保护的前提。基于此，我们围绕生活环保举报热线、生态环境法规法律、日常生活存在哪些破坏生态环境的现象等内容设计了一些问题，以反映民族地区人们对生态环境保护的认知程度。例如，"你了解几部生态法律法规？""你知道刑法规定的'破坏环境资源保护罪'包含哪些具体罪名吗？"等问题，由大到小去了解民族地区人们对生态环境保护的认知程度。我们将问卷汇总后，可以得出凉山民族地区的人们对生态环境的认知程度。

（2）凉山民族地区人们的生态环境保护日常习惯养成情况调查。

对于民族地区人们生态环境保护日常习惯养成情况，我们设计了一些问题进行调查。首先，从最基本的个人习惯开始，我们设计"你平时是否会随地吐痰、乱仍垃圾、浪费水资源"等问题，了解凉山民族地区人们是否会在生活化的事情上养成生态保护的意识，并付诸实践。我们用"你生活的周围有因环境污染导致疾病率上升的现象吗？"这一问题对凉山民族地区整体卫生状况做一个初步调查。我们用"你认为自己有崇尚勤俭节约、减少损失浪费、选择环保产品和服务、减少污染排放等绿色消费理念吗？"这一问题对凉山民族地区人们的环保意识进行调查，毕竟先有想法后有行动，是否有环保理念对能否在环保上付诸实践有决定性的作用。

2. 使用的调查方法

（1）问卷调查法。

问卷调查法是国内外社会调查中较为广泛使用的一种方法。我们的问卷使用个别发放和集体分发两种方式向凉山民族地区的人们发放问卷。由人们按照问卷所问来填写答案。我们借助这一问卷对凉山民族地区人们关于生态环境各方面的认知及习惯进行准确、具体的测定，并应用社会学统计方法进行量的描述和分析，获取我们所需要的调查资料。

（2）抽样调查法。

在凉山民族地区中，按一定规律抽取一地区，对部分人进行提问，了解其生态环境保护意识的强弱和是否付诸实践，以及付诸多少实践的情况，最后进行问卷汇总。

3. 调查结果及分析

我们一共得到 217 份问卷，具体分析情况如下。

（1）频数分析。

从表 4-3 可知："您是否同意先污染后治理，先发展后保护不是地方政府应有的经济发展模式？"一题的答卷中选择"否"的比例为 50.2%。还有 49.8% 的样本为"是"。大部分受访者同意先污染后治理，先发展后保护不是地方政府应有的经济发展模式。当今全球环保问题都已比较严重，如果还想着先污染后治理，先发展后保护，那么现在提出的人与自然和谐发展将毫无意义。因为我们与自然的关系是辩证统一的，两者相互依存、相互联系、相互渗透。

表 4-3　凉山民族地区人们对地方政府在生态经济管理方面措施的认知度

您对地方政府在生态经济管理方面措施的认知度如何？您是否同意先污染后治理，先发展后保护不是地方政府应有的经济发展模式？				
	认知	频率	百分比/%	有效百分比/%
有效	是	108	49.8	49.8
	否	109	50.2	50.2
	总计	217	100.0	100.0

从表 4-4 可知，"您是否同意应发挥社会组织在发展生态经济中的积极作用？"一题，大部分样本为"是"，比例是 64.1%。另外选"否"样本的比例是 35.9%。可以看出，大部分受访者同意应发挥社会组织在发展生态经济中的积极作用。确实，社会组织在人员调动性方面拥有比较突出的优势。

表 4-4　凉山民族地区人们对地方政府在生态经济管理方面措施的认知度

您对地方政府在生态经济管理方面措施的认知度如何？您是否同意应发挥社会组织在发展生态经济中的积极作用？				
	认知	频率	百分比/%	有效百分比/%
有效	是	139	64.1	64.1
	否	78	35.9	35.9
	总计	217	100.0	100.0

从表4-5可知："您是否同意地方政府应大力发展生态环境治理与生态环保产业、绿色高新技术产业等绿色产业？"一题大部分样本为"是"，比例是65.0%，以及"否"样本的比例是35.0%。可以看出，大部分受访者同意地方政府应大力发展生态环境治理与生态环保产业、绿色高新技术产业等绿色产业。发展这些产业不仅能缓解就业压力，还能不断推进当地生态环境的改善与优化。

表4-5　凉山民族地区人们对地方政府在生态经济管理方面措施的认知度

您对地方政府在生态经济管理方面措施的认知度如何？
您是否同意地方政府应大力发展生态环境治理与生态环保产业、绿色高新技术产业等绿色产业？

	认知	频率	百分比/%	有效百分比/%
有效	是	141	65.0	65.0
	否	76	35.0	35.0
	总计	217	100.0	100.0

由表4-6可知，比较愿意参加有关地方政府生态管理的听证会的占比为25.30%，很愿意的占21.70%，一般愿意的占24%，不太愿意的占12.00%，很不愿意的占17.00%。其中比较愿意和很愿意的总共占47%，接近于50%，表明近半数人还是愿意积极参加地方政府生态管理的听证会的。

表4-6　凉山民族地区人们对是否愿意参加有关地方政府生态管理的听证会态度

您是否愿意参加有关地方政府生态管理的听证会？

	认知	频率	百分比/%	有效百分比/%
有效	很不愿意	37	17.0	17.0
	不太愿意	26	12.0	12.0
	一般	52	24.0	24.0
	比较愿意	55	25.3	25.3
	很愿意	47	21.7	21.7
	总计	217	100.0	100.0

由图 4-1 可知，面对少数民族应该遵循"天人合一，人与自然万物和谐共生"的生态环保规则或理念这一观点，有 65.5% 的人赞同，超过了 6 成的样本量；有 34.5% 的人不赞同这一观点。说明了大部分人都认为人与自然应该和谐相处，人类应该保护生态文明。

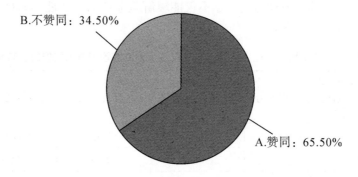

图 4-1　凉山民族地区人们对是否赞同少数民族很多生活习惯都遵循"天人合一、人与自然万物和谐共生"的生态环保规则或理念这一观点态度

（2）交叉（卡方）分析。

从表 4-7 可知，利用卡方检验（交叉分析）去研究"请问您的文化程度"与"您知道向地方政府环境保护部门投诉的途径"共 1 项的差异关系。"请问您的文化程度"样本对于"您知道向地方政府环境保护部门投诉的途径"共 1 项呈现出显著性（$p < 0.05$），意味着不同"请问您的文化程度"样本对于"您知道向地方政府环境保护部门投诉的途径"共 1 项均呈现出差异性，具体建议可结合括号内百分比进行差异对比。"请问您的文化程度"对于"您知道向地方政府环境保护部门投诉的途径吗？"呈现出 0.05 水平显著（$chi = 17.355$，$p = 0.027 < 0.05$），通过百分比对比差异可知，"研究生及以上"选择"知道，且查询过"的比例为 51.85%，会明显高于平均水平 35.00%。"中专、中技、职高"选择"知道，且查询过"的比例为 48.48%，会明显高于平均水平 35.00%。"高中"选择"知道，但没有查询过"的比例为 48.15%，会明显高于平均水平 35.50%。"大学"选择"知道，但没有查询过"的比例为 43.90%，会明显高于平均水平 35.50%。"中专、中技、职高"选择"不知道"的比例为 39.39%，会明显高于平均水平 29.50%。

总结可知："请问您的文化程度"样本对于"您知道向地方政府环境保护部门投诉的途径吗？"均呈现出显著性差异。

表4-7　凉山民族地区人们文化水平与地方政府环境保护部门投诉的途径分析

"请问您的文化程度 * 您知道向地方政府环境保护部门投诉的途径吗？" 交叉表

选项		9. 您知道向地方政府环境保护部门投诉的途径吗？			总计
		A. 知道，且查询过	B. 知道，但没有查询过	C. 不知道	
11. 请问您的文化程度：	A. 初中	12	10	10	32
	B. 高中	7	13	8	28
	C. 中专、中技、职高	17	4	13	34
	D. 大学	24	42	28	94
	E. 研究生及以上	14	9	6	29
总计		74	78	65	217

卡方检验

项目	值	自由度	渐进显著性（双侧）
皮尔逊卡方	17.461[a]	8	0.026
似然比	19.022	8	0.015
线性关联	0.189	1	0.664
有效个案数	217		

对称测量

项目		值	渐进标准误差[a]	近似 T^b	渐进显著性
区间到区间	皮尔逊 R	-0.030	0.068	-0.434	0.665[c]
有序到有序	斯皮尔曼相关性	-0.035	0.069	-0.514	0.608[c]
有效个案数		217			

①0 个单元格（0.0%）的期望计数小于 5。最小期望计数为 8.39。

②未假定原假设。

③在假定原假设的情况下使用渐进标准误差。

④基于正态近似值。

　　从表4-8可知，在217份问卷中文化程度为初中的共有32人，其中通过电视方式了解环境与生态保护方面的知识的有139人，占比为23.4%；其中通过因特网方式了解环境与生态保护方面的知识的有133人，占比为

22.4%；其中通过政府部门的宣传了解环境与生态保护方面的知识的有117人，占比为19.7%；通过志愿者宣传方式了解环境与生态保护方面的知识占比为18.9%。说明民族地区人们通过电视和因特网方式了解环境与生态保护方面的知识比较普遍。因此政府可以采用这些方式加大对环境与生态保护方面的知识的普及。

表4-8 凉山民族地区人们文化水平与生态保护方面的知识主要来源的情况

人们对环境与生态保护方面的知识来源频率			
选项		响应	
		个案数/人	百分比/%
人们对环境与生态保护方面的知识来源	15. 您对环境与生态保护方面的知识主要来源于哪些方面？（A. 电视）	139	23.4%
	15. 您对环境与生态保护方面的知识主要来源于哪些方面？（E. 因特网）	133	22.4%
	15. 您对环境与生态保护方面的知识主要来源于哪些方面？（G. 政府部门的宣传）	117	19.7%
	15. 您对环境与生态保护方面的知识主要来源于哪些方面？（I. 绿色社区志愿者组织的宣传）	112	18.9%
	15. 您对环境与生态保护方面的知识主要来源于哪些方面？（J. 其他）	93	15.7%
总计		594	100.0%

注：使用了值1对二分组进行制表。

（3）相关性分析。

表4-9为凉山民族地区人们文化水平与生态保护方面的知识主要来源于电视、广播的情况的相关性分析，其中数值小于0.3为弱相关性，数值为0.3~0.6的是中等相关性，数值大于0.6为强相关性。

表 4-9　凉山民族地区人们文化水平与生态保护方面的

知识主要来源于电视、广播的情况

		相关性					
选项内容		地方政府生态管理强调整体性和系统性，谋求社会经济系统和自然生态系统协调、稳定和持续的发展	地方政府生态管理的目的是限制地方经济的发展	地方政府只需履行常态生态管理职能，对于生态危机管理职能不需要重视	地方政府能不能加强生态管理与地方政府行政人员有没有生态环境保护意识并没有直接的关系	地方政府希望在生态与环境保护上的资金投入尽快转变为经济效益	地方政府在发展经济的过程中，可以忽视生态与环境保护，对一些企业超标排污、破坏环境的行为无须监管
地方政府生态管理强调整体性和系统性，谋求社会经济系统和自然生态系统协调、稳定和持续的发展	皮尔逊相关性	1					
地方政府生态管理的目的是限制地方经济的发展	皮尔逊相关性	0.002	1				
地方政府只需履行常态生态管理职能，对于生态危机管理职能不需要重视	皮尔逊相关性	-0.046	0.169 *	1			
地方政府能不能加强生态管理与地方政府行政人员有没有生态环境保护意识并没有直接的关系	皮尔逊相关性	0.060	0.131	0.050	1		
地方政府希望在生态与环境保护上的资金投入尽快转变为经济效益	皮尔逊相关性	0.023	0.218 **	0.106	0.033	1	
地方政府在发展经济的过程中，可以忽视生态与环境保护，对一些企业超标排污、破坏环境的行为无须监管	皮尔逊相关性	-0.062	0.196 **	0.315 **	0.086	0.023	1

注：* 为在 0.05 级别（双尾），相关性显著；** 为在 0.01 级别（双尾），相关性显著。

由表4-9我们得出："地方政府生态管理的目的是限制地方经济的发展"与"地方政府只需履行常态生态管理职能"，对于"生态危机管理职能不需要重视"问题的态度，以及"地方政府生态管理强调整体性和系统性"，其相关性较强；"地方政府希望在生态与环境保护上的资金投入尽快转变为经济效益"与"地方政府生态管理的目的是限制地方经济的发展"，有较强相关性。这说明人们对"地方政府生态管理强调整体性和系统性，谋求社会经济系统和自然生态系统协调、稳定和持续的发展"与"地方政府生态管理的目的是限制地方经济的发展、地方政府希望在生态与环境保护上的资金投入尽快转变为经济效益"的看法认同度不高，多为不同意态度。

（4）描述统计分析。

由表4-10分析我们可以得出：人们态度分别有"很不同意""不同意""一般""同意""很同意"，分别占评分为1、2、3、4分，其中态度越肯定评分越高。从均值我们可以得出，人们对"地方政府生态管理强调整体性和系统性，谋求社会经济系统和自然生态系统协调、稳定和持续的发展"的赞同度最高，均值达3.53；"地方政府希望在生态与环境保护上的资金投入尽快转变为经济效益"的赞同度其次，均值达3.25；人们对"地方政府在发展经济的过程中，可以忽视生态与环境保护，对一些企业超标排污、破坏环境的行为无须监管"的态度肯定值最低，均值达2.66。由此分析出，对于地方政府加强生态管理的目的、方式，人们主要持支持态度；而对于地方政府忽视生态管理，破坏环境友好的情形，如可以忽视生态与环境保护，对一些企业超标排污、破坏环境的行为无须监管，绝大部分人持否认态度。

表4-10　描述统计分析结果

描述统计											
选项内容	N	范围	最小值	最大值	均值	标准偏差	方差	偏度		峰度	
	统计	统计	统计	统计	统计	统计	统计	统计	标准错误	统计	标准错误
地方政府生态管理强调整体性和系统性，谋求社会经济系统和自然生态系统协调、稳定和持续的发展	217	4	1	5	3.53	1.371	1.880	-0.596	0.165	-0.883	0.329
地方政府生态管理的目的是限制地方经济的发展	217	4	1	5	2.86	1.354	1.833	0.175	0.165	-1.157	0.329

表4-10(续)

描述统计										
地方政府只需履行常态生态管理职能,对于生态危机管理职能不需要重视	217	4	1	5	2.71	1.485	2.205	0.253	0.165	-1.380	0.329
地方政府能不能加强生态管理与地方政府行政人员有没有生态环境保护意识并没有直接的关系	217	4	1	5	3.11	1.288	1.660	-0.147	0.165	-1.002	0.329
地方政府希望在生态与环境保护上的资金投入尽快转变为经济效益	217	4	1	5	3.25	1.314	1.727	-0.194	0.165	-1.105	0.329
地方政府在发展经济的过程中,可以忽视生态与环境保护,对一些企业超标排污、破坏环境的行为无须监管	217	4	1	5	2.66	1.464	2.142	0.304	0.165	-1.291	0.329
有效个案数	217										

总结第1组问卷结果,主要存在以下问题:

第一,该民族地区学校的学生生态环保法治理念欠缺。问卷结果显示,凉山民族地区经常会随地吐痰乱扔垃圾和浪费水资源的学生占比为23.67%,偶尔会随地吐痰乱扔垃圾和浪费水资源的学生占比为25.6%。不知道和认为破坏生态环境行为不会直接危害到个人或他人生命的学生占比为48.31%,已经接近一半。完全不了解法律法规的学生占比为30.43%,读过1部法律法规的占比为27.05%,已经超过一半的人数。有56.04%的学生不知道刑法规定的"破坏环境资源保护罪"包含哪些具体罪名,学生法律知识薄弱。中共中央、国务院制定了《中央生态环境保护督察工作规定》,中央实行生态环境保护督察制度,设立专职督察机构,对各省、自治区、直辖市党委和政府及有关中央企业开展例行督查,并根据需要对督查整改情况实施"回头看"监督,针对突出的生态环境问题,相关机构开展专项督查。针对以上政策,占比28.99%的学生不了解,18.84%的学生表示感觉与其无关。

第二,该民族地区政府在生态环境保护方面工作不到位。不知道生态环保举报热线电话号码是12369的学生为调查人数的7/10;认为自己家乡的生态环境一般或越来越差的学生占1/2;3/10的学生其生活环境周围存在有排放污水、废气、有毒垃圾等污染源的工厂企业。关于生活的村或社区设有垃圾箱数量的统计,有很多的占40.58%,没有和有一些的分别占比为21.26%、38.16%。当地政府不积极治理环境,只是应付的占比为24.15%,31.88%的同学表示不了解其所在的当地政府治理环境的情况,表明政府对环境的治理还存在欠缺。

第三，该民族地区部分学校对环保宣传教育不够重视。超过 1/3 的学生在学校举行完运动会、演出等活动后，现场会遗留下很多垃圾；在民族地区学校没有接受过生态环保专题宣传教育的学生达 1/3；了解 5 部以上生态环境法律法规的学生占 19.12%，了解 2~3 部的学生占比 23.67%，了解 1 部的同学占比 27.05%，而一部也不了解的同学占比高达 30.43%；40.58% 的学生表示其生活的村或社区设有很多垃圾箱，38.16% 的学生表示其生活的村或社区设有一些垃圾箱，而 21.26% 的学生表示其生活的村或社区没有设垃圾箱；43.96% 的同学表示其所在的当地政府积极治理环境，24.15% 的同学表示其所在的当地政府不积极治理环境，只是应付，31.88% 的同学表示不了解其所在的当地政府治理环境的情况；48.31% 的同学表示其在民族地区学校接受过专题生态环保法治宣传教育，26.09% 的同学表示其在民族地区学校没有接受过专题生态环保法治宣传教育，但经常接受生态环保道德方面的教育，25.6% 的同学表示其在民族地区学校没有接受过专题生态环保法治宣传教育。

（二）第 2 组调查情况

1. 问卷设计

本研究采用问卷调查法获取信息，问卷分为三部分内容，即被调查者信息、对当前民族地区生态环境的认知、对民族地区生态环境的保护。我们运用问卷星在网络投放问卷，回收有效问卷 202 份。

2. 调查结果及数据分析

（1）频数分析。

表 4-11　频率分析结果

在日常生活中，您是否关注民族地区地方政府在生态环保建设方面所做的工作？				
	选项	频率	百分比/%	有效百分比/%
有效	很不关注	22	10.9	10.9
	较不关注	48	23.8	23.8
	一般	62	30.7	30.7
	比较关注	47	23.3	23.3
	非常关注	23	11.4	11.4
	总计	202	100.0	100.0

由表 4-11 得出，对民族地区地方政府在生态环保建设方面所做的工作关注度一般的占大部分，有 30.7%，有少数人（10.9%）对此很不关注。

（2）交叉表。

表 4-12　交叉结果

您的文化程度＊民族地区地方政府加强生态管理与群众生态环境保护意识有直接关系 交叉表

选项			民族地区地方政府加强生态管理与群众生态环境保护意识有直接关系					总计
			很不同意	不太同意	一般	比较同意	非常同意	
您的文化程度	高中及以下	计数	2	6	8	21	11	48
		占"您的文化程度"的百分比	4.2%	12.5%	16.7%	43.8%	22.9%	100.0%
	大专及本科	计数	3	14	23	38	19	97
		占"您的文化程度"的百分比	3.1%	14.4%	23.7%	39.2%	19.6%	100.0%
	本科以上	计数	3	4	10	20	20	57
		占"您的文化程度"的百分比	5.3%	7.0%	17.5%	35.1%	35.1%	100.0%
总计		计数	8	24	41	79	50	202
		占"您的文化程度"的百分比	4.0%	11.9%	20.3%	39.1%	24.8%	100.0%

由表 4-13 得出，39.11% 的群众对此问题的看法持比较同意意见，在某种程度上可以说明民族地区政府加强生态管理与群众生态环境保护意识是有直接关系的，并且可以看出文化程度在高中及以下，大专及本科，本科以上的被调查者对"民族地区地方政府加强生态管理与群众生态环境保护意识有直接关系"这个问题持比较同意态度的比例差距不明显，从侧面说明群众对此问题的看法与学历没有直接关系。

表 4-13　卡方检验结果

卡方检验			
项目	值	自由度	渐进显著性（双侧）
皮尔逊卡方	7.268[a]	8	0.508
似然比	7.221	8	0.513
线性关联	0.938	1	0.333
有效个案数	202		

注：3 个单元格（20.0%）的期望计数小于 5，最小期望计数为 1.90。

由图 4-2 分析可知，在认为环境保护责任主体是谁这个问题上，45.05% 的调查者认为公民个人是环境保护的责任主体，说明大部分群众的环保意识较强，有较强的社会责任感；其次认为其主体是政府，占比27.72%，说明政府应该发挥主导作用；有15.35%的认为主体是企业，说明他们认为生态环境管理工作应该从污染源头上进行治理，对企业因生产而产生的污染进行管理控制。虽然我们受教育程度在不断提高，但是由于人口基数大，质量参差不齐，很多公民对生态保护的认识不足，以为生态问题就是技术问题，就是治理污染，因而政府负责即可，与我无关。

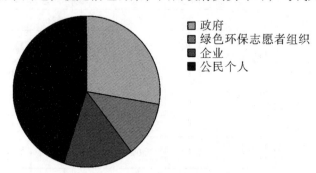

图4-2 "您认为环境保护责任主体是谁"结果

　　由表4-14和表4-15分析得出，不论文化程度如何，选择以上三个选项的被调查者占比相差不大，投诉过但只有很少几次的和没有投诉过的为多数，原因一可能是被调查者所在地的环境管理比较有序、完善，原因二可能在于相关投诉渠道不完善、投诉过程复杂，人们嫌麻烦；同时少部分被调查者选择因环保问题向地方政府进行投诉且频率很高，说明不管文化程度如何，群众中都有关注环境问题的人。

表4-14 "您的文化程度＊您是否曾经因环保问题向地方政府进行投诉"交叉表

计数					
选项		您是否曾经因环保问题向地方政府进行投诉			总计
		投诉过，只有很少几次	投诉过，且频率很高	没有投诉过	
您的文化程度	高中及以下	12	8	28	48
	大专及本科	29	21	47	97
	本科以上	22	16	19	57
总计		63	45	94	202

表 4-15 卡方检验结果

卡方检验			
	值	自由度	渐进显著性（双侧）
皮尔逊卡方	6.846ᵃ	4	0.144
似然比	6.946	4	0.139
线性关联	5.243	1	0.022
有效个案数	202		

注：0 个单元格（0.0%）的期望计数小于 5。最小期望计数为 10.69。

第三节 四川民族地区生态管理存在的主要问题

生态环境问题既影响经济的发展，又影响民族关系的和谐稳定。营造良好的生态环境，为政府有效解决生态问题搭建平台，有利于企业逐步实现可持续发展，进而促进社会经济整体的可持续发展，有利于加快社会建设和生态文明的步伐。为此，政府首先必须健全生态立法体系，构建良好的生态管理法制环境；其次，必须切实增强全社会的生态责任意识；最后，应适时通过建设大数据平台，创新民族地区生态管理模式，实现可持续发展。

民族地区生态环境对于民族地区经济发展、民族关系和谐稳定具有重要的影响。民族地区的巩固稳定，关系到我国现代化和中国梦的实现。所以，加强民族地区生态管理非常重要。

目前，随着城市化发展，生态环境问题日益突出，其主要表现是：第一，部分森林减少和毁损均较为严重；第二，部分民族地区草场退化比较严重，沙化面积有逐渐扩大的趋势；第三，水资源在一些民族地区紧缺，而且部分民族地区的水资源已遭受一定污染；第四，部分水土流失趋势加剧，农业的生态环境趋于恶化；第五，野生动植物资源日益减少，生物多样性保护措施较为单一；第六，部分地区泥石流和地震等生态环境灾害事件频发。因此生态环境问题具有多样性的特点和复杂交叉及长期性等特征。

一、政府生态危机管理意识不强，体系不够健全

民族地区对加强生态建设和管理的重要意义有充分的认识，但是对生态危机管理的具体实施不够了解，管理体系不够健全。

第一，民族地区政府对生态建设和管理方面的政策把握不够，长期以来习惯中央财政支持和本地资源开发的思维模式，缺乏生态环境风险意识和生态危机的观念，对认识生态危机的主动性和前瞻性不足。政府生态环保意识不强，生态政策缺失，政府重经济增长轻环保，在进行政策决策时没有充分认识到当地的生态环境的破坏程度、恢复的成本有多大等与生态发展相关的问题，在经济发展方式上也没有考虑这种传统的生产方式和以工业为主的产业结构的不可持续性。一些政策制定者为了在短时间内谋取更多的政绩，过度开发当地自然资源，没有给予生态资源自身调节恢复期，给自然资源造成极大破坏。

第二，民族地区政府的生态危机管理机制建设不完善，应急资源优化组合的能力严重不足。调查表明，民族地区政府的生态危机管理机制很不完善，当遇到突发事件时，相关的工作人员分散在不同的部门，容易发生推诿、扯皮、错位等问题，从而延误问题处理的黄金时间。加上我国政府对生态环保工作中民间环保组织参与的重视不够，没有充分认识到民间环保组织对环保工作的积极作用，政府部门更多地从管理方面而不是扶持方面来制定政策，导致我国目前的环保组织无论从绝对数量，还是从相对数量来看，仍然远远落后于发达国家的水平。没有有利的政策支持使我国的民间环保组织在资金筹备、人员招募、组织活动等方面都难有质的发展，也就难以在生态危机治理中发挥重要的作用。

第三，民族地区政府的生态危机管理信息系统平台建设相对滞后，甚至有的地方至今还没有建立起生态危机信息处理平台，导致信息不对称而错过很多预警和防范的最佳时机。

二、企业实施生态管理模式的积极性不高

在民族地区，受众多因素影响，自觉实施生态管理的企业不多。生态产业是政策引导型的产业，具有资本密集型和动态发展等新兴产业的特点，然而目前我国对企业生态产业的保护、扶持、促进作用却是低效的，缺乏培育生态产业市场体系的政策引导，鼓励投资主体向生态产业投资的

财政、税收等政策支持力度不够。由于生态产业还处于初创期，有些产品在价格上往往缺乏竞争力，还需要政策扶持。另外有些生态产业中的末端控制类产业属于基础性、公益性的领域，完全依赖市场评价，其所获得的收益难以吸引企业和其他社会组织进行投资，需要政府的优惠政策来吸引多元化的投资主体。企业生态管理的出发点是维持人与自然间的和谐关系，是一种系统的、动态的思考和处理问题的管理方法。但是在民族地区企业能够自觉实施生态管理的并不多见，其积极性普遍不高。民族地区生产技术较低，生产的大多是初级产品，初级产品的成本一般都比较低，不需要企业投入较高的成本，而民族地区的原材料一般都比较丰富，企业生产初级产品就能获得相应的利润，也就不会考虑采用生态管理模式，这就意味着开发新技术、购置新设备等会增加企业的成本，所以民族地区企业实施生态管理模式的积极性不高。要调动企业实施生态管理的积极性，务必做到将生态理念落实到企业管理工作的方方面面，合理地规划员工的职业生涯，从而促进员工、企业与自然的和谐发展。

三、政府的监督和激励机制有待完善

民族地区政府在管理过程中由于权责划分的不清晰，甚至部分地区的政府将监督、管理和执行三大职能集于一身，这样其既是管理者又是执行者，不利于有效监督的落实。在这种情况下，如果企业没有采用生态化的管理模式，造成资源的浪费或破坏环境时，政府就不能及时有力地进行处罚和引导。目前在制度上也没有建立起有效的奖励、惩罚机制，如对公民节约资源的行为应当加大奖励的力度，积极宣传，在社会上形成保护环境、节约资源的氛围。

四、公众缺少生态环境保护常识和生态危机教育

公众缺少生态环境保护常识和生态危机教育，有关生态文明等方面的知识教育和培训不足。社会公众因缺乏生态环境保护知识和生态责任意识，在实际生活中会不自觉地为满足某一方面的需求而忽视对生态环境的保护，更不会考虑由此而产生的生态赔偿问题。一旦实践中出现这种破坏环境的违法行为时，公众可能会将责任归咎于政府没有宣传教育或者是自己不懂环保相关的规定，从而导致环境破坏和财产损失等情况出现，在处理时产生较多的矛盾和冲突，也不利于公众积极地参与到环境保护中来。

第五章　生态管理创新的路径研究：
以四川民族地区为例

第一节　生态管理理念、机制的创新

一、生态管理理念的创新

生态管理系统由人、组织和环境等不同的子系统构成。作为生态系统的组成部分，人通过学习生态理论知识，不断深化认知，并充分发挥生态系统的功能。生态管理理念的创新是进行生态管理创新的逻辑起点和基础。我国生态文明建设必须以科学理论为指导，各级政府进行监督管理，防止企业、个人或其他社会组织破坏生态环境，促进生态、经济和社会可持续发展；同时，从树立生态价值观、绿色消费观入手，在科技创新中融入生态文化的理性思维，加强生态文化与科技的融合，开发生态产品，实现生态价值。

第一，"生态兴则文明兴，生态衰则文明衰。"新时代社会主义生态文明建设新理念的牢固树立，可以为新时代社会主义生态文明建设提供价值遵循。第二，树立"绿水青山就是金山银山"理念。习近平主席在哈萨克斯坦纳扎尔巴耶夫大学发表演讲时指出："我们既要绿水青山，也要金山银山。宁要绿水青山，不要金山银山，而且绿水青山就是金山银山。"他从三个层面依次递进地阐述了"绿水青山"与"金山银山"之间的对立统一关系。"既要绿水青山，也要金山银山"，意味着"金山银山"即发展仍然是党执政兴国的第一要务，强调兼顾发展和生态保护；"宁要绿水青山，不要金山银山"，意味着"绿水青山"即生态保护更重要，强调决不以牺牲环境为代价去换取一时的经济增长，不走"先污染后治理"的老路；"绿水青山就是金山银山"，意味着人与自然的和谐共生，强调绿色发展，增强发展的"绿色属性"。第三，树立"改善生态环境就是发展生产力"理念。随着改革开放的不断推进，我国经济快速发展的同时也存在着能源资源枯竭、生态环境恶化问题。党中央高度重视生态环境这一生产力要素。习近平总书记在中央政治局第六次集体学习时明确指出，"要正确处理好经济发展同生态环境保护的关系，牢固树立保护生态环境就是保护生产力、改善生态环境就是发展生产力的理念"。这一论述深刻阐明了生态环境与生产力之间的关系，是对马克思主义生产力理论的进一步发展，其内涵是谋求人与自然和谐共生。第四，树立"良好生态环境是最普惠的民生福祉"理念。党的十八大以来，习近平总书记反复强调以人民为中心的发展思想，"良好生态环境是最公平的公共产品，是最普惠的民生福祉"，是以人民为中心的发展思想在生态文明建设方面的具体落实。保护生态环境关系最广大人民群众的根本利益，关系中华民族发展的长远利益，是功在当代、利在千秋的事业。在这个问题上，我们没有别的选择。习近平总书记要求，科学布局生产空间、生活空间、生态空间，真正下决心把环境污染治理好、把生态环境保护好，让良好生态环境成为人民生活质量的增长点。

二、生态管理机制创新

机制指的是其系统组织、运行的结构与功能，以及各要素之间相互作用的方式和过程。各个国家或地区的政府其生态管理工作机制各不相同，我国根据目前生态管理机制发展水平和状况，需要构建在政府主导下的协同管理机制。

（一）构建多元主体协同管理机制

一是转变政府治理方式，实现生态文明管理全民参与。在生态管理整个复杂系统中，要完成生态管理，必须坚持政府主导、多方积极参与，并发挥各方的重要作用。因此，在推进生态文明建设的进程中，应该构建生态管理多元主体协同合作管理机制，这种机制在市场原则下，依赖于公众的认同，不依靠政府的强制权威，由过去的单一、自下而上的方式转变为现在的双向、多元的方式，扩大了生态管理中决策、执行、监督等的主体范围，增强了决策的科学性和各类主体参与的积极性。同时，生态管理的协同治理使多元管理主体都能够及时得到相关生态信息，从而保证企业的发展战略与生态发展的目标一致，及做出科学的决策，提高生态管理效率。同时，政府也能通过这一合作机制多方筹集资金，减轻政府在生态管理方面的财政支出压力。生态文明建设的核心问题是建立人与自然的和谐关系，它本身是一个庞大复杂的系统工程，涉及每一个社会成员，本质上属于社会公共管理领域，与社会其他领域都有着广泛而深入的联系。要实现经济、人口、资源、环境的协调发展，走生态良好的文明发展道路，必须在党和政府的领导下，有组织、有计划、有步骤地经过全体社会成员的长期共同努力。

二是加强公众及社会组织对生态文明建设的参与感。要减少对公众及社会组织参与生态保护的不合理限制措施，科学系统地设置其参与生态环境保护的路径，建立政府与社会之间的沟通、合作渠道。鼓励公众通过民间组织参与环境治理，完善环境保护公众监督机制和环境公益诉讼机制。

三是强化企业主体参与生态文明建设的主动性和自觉性。通过制定各类市场规则，为市场主体发展建立一个良好的制度框架，营造统一开放、公平有序的市场环境，使企业承担起保护环境、节约资源等社会责任，使生态责任转变为企业的内在需求，进而把提升资源综合利用技术、降低污染率及推动产业升级等技术性工作交由企业自身来完成，加快企业资源性产品的更新换代，使企业走出一条科技含量高、经济效益好、资源消耗低、环境污染少的新路，更有效承担起生态文明建设的社会责任。

四是加强大众宣传教育，增强全社会生态文明观念。进行生态文明建设，需要全社会对此有共同的认知基础，我们可以通过开展以普及生态知识和增强生态意识为目标的国民生态教育，提升全体公民的生态文明意识，改造不适应生态文明的价值观念和思维方式。首先，生态文明教育要确立经济发展、生活改善与生态保护的良性互动的观念。生态问题是经济盲目发展的不良后果，而人们生活质量的真正提高则包含着生态环境质量的提高。其次，生态文明教育应是一种全民参与的教育。政府、媒体、社会团体、企业、非政府组织和社会公众等都应成为生态文明教育的宣传主体和接受主体。最后，生态文明教育应是一种贴近日常生活的教育，应充分以人们日常生活中的微观生态环保内容为主题，使保护生态文明的理念和行动融入人们的生活中。

五是构建生态环境治理全民行动体系。全面强化生态环境法治保障，健全生态环境经济政策，完善生态环境资金投入机制，提升生态环境监测监管执法效能，不断增强生态环境治理能力。在法治保障上，建立污染防治区域联动机制，完善生态环境保护联合执法制度，推动完善生态环境保护地方立法，加快推进土壤污染防治条例、河长制湖长制条例等立法工作。严格执行生态环境损害赔偿制度，积极推进生态环境损害赔偿案件办理。完善企业环境信用评价制度，落实环境信息依法披露制度。落实普法责任制，加强生态环境保护及相关法律法规宣传，构建生态环境治理全民行动体系。在政策领域里，落实环境保护、节能节水等方面的税收优惠政策，支持和鼓励各类金融机构开发绿色金融产品、发行绿色债券，在环境高风险领域依法推行环境污染强制责任保险。探索推进排污权、用能权、碳排放权市场化交易。扎实做好国家生态综合补偿试点工作，完善森林、湿地、草原生态效益补偿机制等。在资金投入上，各级人民政府将把生态环境作为财政支出的重点领域，把生态环境资金投入作为基础性、战略性投入予以重点保障，确保与污染防治攻坚任务相匹配，建立完善政府引导、市场推进、社会公众广泛参与的生态保护补偿投融资机制，鼓励和支持社会资本参与生态保护修复。在提升执法效能上，建成上下协同、信息共享的生态环境监测网络，实现环境质量、生态质量、污染源监测全覆盖，并落实排污许可"一证式"管理，构建以排污许可证为核心的固定污染源监测监管制度体系。依法严厉打击危险废物非法转移、倾倒、处置等环境违法犯罪，严肃查处环评、监测等领域弄虚作假行为。

（二）健全我国政府生态责任制

首先，我们要厘清地方政府与中央政府在环境责任方面的关系，使两者积极协作，共同对我国环境保护工作负责。其次，改变过去重经济责任、轻环境责任的不良作风，协调处理好政府责任制中的环境与经济责任之间的关系，逐步实现社会、经济、自然效益的均衡发展。最后，厘清政府环境责任中的权责关系，处理好管理部门与负责人的职责关系，建立健全政府责任制度。完善生态机制，一方面要完善政府新型职能体系，以增强生态服务能力。生态环境是公共产品，政府是保护生态环境的主导力量，必须能够运用各种有效手段实现科学的生态管理。除了协调生态系统内部各因素、自然生态系统与其他经济社会系统之间的关系外，政府生态管理体制还应强化不同类型的政府部门管理关系之间的整体协调性，从而不断增强政府生态执政能力。另一方面，要建立完善的政府生态保护制度、生态问责制度及生态绩效考评制度。要在政府治理各个层面，"把资源消耗、环境损害、生态效益纳入经济社会发展评价体系，建立体现生态文明要求的目标体系、考核办法、奖惩机制。建立国土空间开发保护制度，落实最严格的耕地保护制度、水资源管理制度、环境保护制度。深化资源性产品价格和税费改革，建立反映市场供求和资源稀缺程度、体现生态价值和代际补偿的资源有偿使用制度和生态补偿制度。加强环境监管，健全生态环境保护责任追究制度和环境损害赔偿制度"。从根本上引入生态"成本—效益"分析，将生态经济效益作为政府管理决策的核心依据，促进政府管理实现生态绩效评估规范化、长效化，把保障和改善民生作为经济结构调整的出发点和落脚点，为全面提升政府生态执政能力奠定良好基础，促进我国生态文明建设获得长足发展。

为此我们可以开展以下工作：第一，加强宣传，增强认识，向广大群众大力宣传环境治理工作的意义、政策和要求，宣传环境综合治理的重要性和必要性，切实提升群众参与和监督环境治理的积极性，使他们的法律意识和环保意识得到明显提高；第二，全面摸排，建立台账，强化监管责任，配合上级对辖区范围内进行拉网式排查，建立动态工作台账；第三，明确责任，进行网格管理，充分运用街道社区网格化管理模式，加强日常监管，做好社区网格员，敢于动真碰硬抓好落实；第四，健全制度，落实长效监管，加强巡查监管人员力量，提高巡查频次，通过定期专项检查和不定期突击检查相结合的方式提高工作效率，建立监管长效机制，成立专项工作小组，保证工作高效开展，进一步推进生态环境治理责任制的落实。

（三）确立生态补偿机制，明晰环境产权责任

生态补偿机制是指以促进人与自然和谐相处为目标，通过综合运用行政手段和市场、法律等手段来增加生态系统的价值，降低生态保护和发展的成本，调节生态环境保护和建设发展各方面利益关系的环境经济政策。我国在生态补偿机制方面取得较多良好的探索成果。2005 年，党的十六届五中全会《关于制定国民经济和社会发展第十一个五年规划的建议》提出，按照谁开发谁保护、谁受益谁补偿的原则，加快建立生态补偿机制。第十一届全国人大四次会议审议通过的"十二五"规划纲要就建立生态补偿机制问题作了专门阐述，要求研究设立国家生态补偿专项资金，推行资源型企业可持续发展准备金制度，加快制定实施生态补偿条例。党的十八

大报告明确要求建立反映市场供求和资源稀缺程度、体现生态价值和代际补偿的资源有偿使用制度和生态补偿制度。全国人大将建立生态补偿机制作为重点建议。2005年以来，国务院每年都将生态补偿机制建设列为年度工作要点，并于2010年将研究制定生态补偿条例列入立法计划。

根据中央精神，近年来，各地区、各部门在大力实施生态保护建设工程的同时，积极探索生态补偿机制建设，在森林、草原、湿地、流域和水资源、矿产资源开发、海洋及重点生态功能区保护等领域取得积极进展和初步成效，生态补偿机制建设迈出重要的一步，我国初步形成生态补偿制度框架。一是建立了中央森林生态效益补偿基金制度。二是建立了草原生态补偿制度。三是探索建立水资源和水土保持生态补偿机制。四是形成了矿山环境治理和生态恢复责任制度。五是建立了重点生态功能区转移支付制度。六是加大生态补偿资金投入力度。七是积极开展生态补偿试点。八是加强监测和监督考核。九是主动探索，积极推进重点领域生态补偿实践。

生态补偿机制建设虽然取得了积极进展，但这项工作由于起步较晚，涉及的利益关系复杂，实施工作难度较大，因此在工作实践中还存在不少矛盾和问题，需要认真加以解决。

（1）生态补偿力度有待进一步加强。一是补偿范围偏窄。现有生态补偿主要集中在森林、草原、矿产资源开发等领域，流域、湿地、海洋等生态补偿尚处于起步阶段，耕地及土壤生态补偿尚未纳入工作范畴。二是补偿标准普遍偏低。集体所有国家级公益林现行补偿标准仍然偏低；随着牛羊肉价格上涨，草畜平衡补助不足以弥补生产成本增加和畜牧业规模缩小带来的经济损失。此外，有的领域补偿标准过于笼统，不适应不同生态区域的实际情况。三是补偿资金来源渠道和补偿方式单一。补偿资金主要依靠中央财政转移支付，地方政府和企事业单位投入、优惠贷款、社会捐赠等其他渠道明显缺失。除资金补助外，产业扶持、技术援助、人才支持、就业培训等补偿方式未得到应有的重视。此外，随着转移支付补偿资金渠道的增多，生态建设、环境综合治理和生态补偿资金的关系需要进一步厘清。四是补偿资金支付和管理办法不完善。有的地方补偿资金没有做到及时足额发放，有的甚至出现挤占、挪用补偿资金现象。

（2）配套基础性制度需要加快完善。一是相关产权制度不健全。明确生态补偿主体、对象及其服务价值，必须以界定产权为前提，产权不够明晰制约了生态补偿机制的建立。例如，集体林权制度改革需提高发证率和到户率；全国还有近四分之一的草原未承包，机动草原面积过大，南方草地和半农半牧区草原权属不明晰，草原与林地权属存在较多争议。二是部分省级主体功能区规划尚未发布，省级生态功能区划和功能定位需加快明确，为落实生态补偿奠定基础。三是基础工作和技术支撑不到位。生态补偿标准体系、生态服务价值评估核算体系、生态环境监测评估体系建设滞后，有关方面对生态系统服务价值测算、生态补偿标准等问题尚未取得共识，缺乏统一、权威的指标体系和测算方法。现有重点生态领域的监测评估力量分散在各个部门，不能满足实际工作的需要。

（3）保护者和受益者的权责落实不到位。一是对生态保护者合理补偿不到位。重点生态区的人民群众为保护生态环境作出很大贡献，但由于多种原因，还存在着保护成本较高、补偿偏低的现象。除了标准偏低和有的地方未及时足额拨付补偿资金外，一些地方还没有把生态区域、生态保护者的底数摸清楚，不能有效实施生态补偿全覆盖，这也是影响保护者积极性的原因之一。二是生态保护者的责任不到位。补偿资金与保护责任挂钩不紧密，虽然投入了补偿资金，但有的地方仍然存在生态保护效果不佳的状况，甚至在个别地方还存在着一边享受生态补偿、一边破坏生态的现象。三是生态受益者履行补偿义务的意识不强。生态产品作为公共产品，生态受益者普遍存在着免费消费心理，缺乏补偿意识，需要加强宣传和引导。四是开发者生态保护义务履行不到位，例如，还有部分矿产资源开发企业没有缴纳矿山环境恢复治理保证金。

（4）多元化补偿方式尚未形成。近年来一些地方开展的横向生态补偿实践仍处于探索过程中，实施效果还有待观察，一些有条件的地方尚未实施。横向生态补偿发展不足的主要原因是，在国家和地方层面，尚缺乏横向生态补偿的法律依据和政策规范；开发地区、受益地区与生态保护地区、流域上游地区与下游地区之间缺乏有效的协商平台和机制。资源税改革尚未覆盖煤炭等主要矿产品种，环境税尚在研究论证过程中，制约了生态补偿资金筹集。碳汇交易、排污权交易、水权交易等市场化补偿方式仍处于探索阶段。

（5）政策法规建设滞后。目前，我国还没有生态补偿的专门立法，现有涉及生态补偿的法律规定分散在多部法律之中，缺乏系统性和可操作性。尽管近年来有关部门出台了一些生态补偿的政策文件和部门规章，但其权威性和约束性不够。现有的政策法规也存在着一些有法不依、执法不严的现象。

（6）民族地区生态补偿机制仍不够完善，比如在补偿内容、方式和标准上没有具体的规定，设置的补偿额度也并不是十分合理。

因此，在法律上尽快确立生态补偿的强制性，保障补偿能落实到位。切实加大生态补偿投入力度，积极引导地方多方力量，进一步筹措民族地区生态补偿资金，可以采用项目管理的方式，根据项目的不同设置生态环境保护的资金额度，这样有利于民族地区因地制宜地利用生态补偿资金来发展不同的生态产业。进一步明确受益者和保护者的权责，健全配套制度体系。进一步深化产权制度改革，明确界定林权、草原承包经营权、矿山开采权、水权，完善产权登记制度。加快建立生态补偿标准体系，根据各领域、不同类型地区的特点，完善测算方法，分别制定生态补偿标准，并逐步加大补偿力度。积极开展多元化补偿方式探索和试点工作，通过技术创新可以实现发展绿色经济，不断扩大可利用资源的范围和方式，进一步缓解资源的压力。在实践中产权界定不清容易致使自然资源和环境资源变成一种无价的公共产品，公众在使用时不需付费，因此也不会去考虑可能带来的环境污染和生态破坏，因此我国绿色经济的发展之路必须进行产权制度创新。加强组织领导和监督检查。建立由发展改革、财政等部门组成的部际协调机制，加强对生态补偿工作的指导、协调和监督，研究解决生态补偿机制建设工作中的重大问题。加强对生态补偿资金分配使用的监督考核，加大对重点领域和区域生态补偿特别是试点工作的指导协调力度。严格资金使用管理，强化监督检查，确保生态补偿政策落到实处。提升全社会生态补偿意识。使谁开发谁保护、谁受益谁补偿的意识深入人心，是生态补偿机制建立和真正发挥作用的社会基础。进一步加大生态补偿宣传教育力度，使各级领导干部确立提供生态公共产品也是发展的理念，使生态保护者和生态受益者以履行义务为荣、以逃避责任为耻，自觉抵制不良行为；引导全社会树立生态产品有价、保护生态人人有责的思想，营造珍惜环境、保护生态的好氛围。

（四）企业生态管理机制创新

近年来，企业生态管理研究越来越受到关注。随着消费者生态观念和意识的增强，越来越多的消费者想要购买的是生态型企业的环保产品。因此，企业进行生态管理创新已是未来创新发展的必然趋势。

1. 建立企业生产生态管理系统

企业生产生态管理就是指使用绿色的生产方式和技术手段使资源和环境损耗降为最低的生产工艺和方法。根据我国生态文明建设及可持续发展对资源环境的要求，通过高效配置和使用资源及先进的节能降耗技术，减少经济活动对生态环境和人类生存产生的各种危害，提高企业资源与能源的利用率，以此提高企业的市场竞争力，做到清洁的能源、清洁的生产及清洁的产品。

2. 建立企业人力资源生态管理系统

管理科学的不断发展也伴随着对人性假设的不断演化发展，目前的人力资源管理更加关注员工的职业生涯规划，更加关注员工和企业发展目标的一致性，因此必须根据企业的实际状况构建企业人力生态管理系统。第一，建立竞争与合作机制。既保证竞争，又要保证竞争适度，从而满足企业发展对多类型、多层次的人才的需求。第二，建立团队机制。现代企业用生态化的价值观作为文化引领来充分激发不同领域、不同专长的人才形成不同的团队，以此吸引和培养企业人才，同时形成的特定团队由于具有一致的生态价值观，更能保障人才的稳定。第三，建立生态链全方位激励机制，根据人才对企业和社会贡献的价值，给予不同的激励方式。

3. 建立企业营销绿色管理系统

企业在其各项活动中非常重视营销活动，人们对生态绿色产品需求不断增长，促使企业必须建立营销生态管理系统，企业根据消费者和外界环境的生态化的变化通过营销生态化占领市场、开拓市场，推动企业发展。同时人们在不断追求高质量的生活，由于绿色产品品质高，其市场价格一般都会远高于其他的商品，由此看来，生态营销是企业愿意积极开展生态绿色营销的原生动力，绿色产品能够提高企业形象和拓展市场，增强企业的绿色竞争力。

4. 建立和完善我国产业生态网络机制

产业生态网络是企业按照共生原理在环境和效益的双重压力下构建的一种高效稳定的生态产业系统。产业集群中的各个企业通过调配作用，最大限度地保护环境、节约资源。利用产业生态网络，能发挥不同企业的优势，企业能够在该网络中实现资源的合理调配，能减少企业在网络体系下产业内市场交易过程中的成本，当在某一区域竞争时能有效地增加企业的竞争优势，优势互补从而激发在该网络体系内的企业互利互惠。企业在获得高额的利润时，保护环境的积极性和投入的相关经费也就提高和增加了，这将能减少甚至消除企业对生态环境的污染和破坏行为，实现企业与生态环境共同共生发展。

5. 创新环保 NGO 生态管理机制

非政府组织（non-governmental organizations，NGO）指的是具有志愿公益性，独立于政府和市场之外的社会组织。它具有非政治性、非营利性、公益性、志愿性、组织性。环保 NGO 的活动不具有强制性，主要是通过提高社会公信度，依靠公众的意愿自发主动参与。随着生态文明建设战略的实施，环保 NGO 起到了积极的推动作用。但是由于不具有政府的强制权威性，环保 NGO 组织机构发育得仍然不够成熟，这就需要政府的大力支持和规范来引导环保 NGO 组织的发展，如可以通过政策或资金支持专项项目等方式，促使政府生态管理目标与环保 NGO 组织目标达到一致，构建多样性的交流平台，拓展环保 NGO 参与渠道。一旦公众对环保 NGO 组织信任度非常高时，环保 NGO 组织就可以发挥其组织优势来激发公众参与的积极和主动性，从而更好地推动我国的生态文明建设，在一定程度上减少由政府强制推行造成的压力，有利于促进政府社会公信度的建立。同时，政府应加强对环保 NGO 的监督和管理，规范和引导环保 NGO 树立良好的社会信誉，积极工作，在生态文明管理中发挥积极的协助作用。

第二节　生态管理政策与法律创新

生态管理实践需要政策与法律的支持和保障。习近平总书记指出："只有实行最严格的制度、最严密的法治，才能为生态文明建设提供可靠保障。"人类要想打破生态恶化的困境，就必须完善我国生态公共政策与生态环境法律体系。实施生态公共政策，使全社会成员参与到保护生态环境中来，完善的生态法律法规为生态管理的实践活动提供重要的法律依据。在生态管理活动中二者相互渗透、相互影响，为实现人与自然的和谐共处提供重要的支撑。

一、创新生态公共政策

当前，生态文明建设的模式在很大程度上仍是以政府为核心、以行政权的行使为主导。因此，生态环境公共政策的有效供给是新时代生态文明建设的现实选择。公共政策是政府部门针对社会生活中存在的或者正在发生的问题做出决策，并将其转化为相关的公共项目的行为。改革开放以来，我国政府制定了各种类型的生态环境政策，形成从"命令控制"特征的规制性政策为主向"命令控制型""经济刺激型"以及"激励约束型"并重转变的公共政策供给体系。但我国生态文明建设中也存在公共政策供给短缺的状况，随着改革向纵深推进，生态文明建设的重要性日益凸显，各地也逐步开始尝试制度设计和政策供给。一是从被动保护到主动保护，体现公共政策供给理念的先进性，这就要求在思想层面更新提高，从而保障持续推进，谋求政策供给红利。二是从项目推动到制度保障，体现公共政策供给的科学转化。生态补偿机制的落地与推动，涉及建立高位推动的工作机制、多元投入的保障机制、共建共享的联动机制、广泛参与的保护机制、严肃追究的问责机制以及严格规范的管理机制等。三是从政府治理到公民参与，体现公共政策供给的有效输出。坚持政府引导、市场驱动、群众参与、社会共治的方针，健全全方位、多层次、立体化的保护机制。

实现公共政策的有效供给是新时代改革与发展的需要，也是满足人民对美好生活向往的需要。要实现生态环境公共政策的有效供给，应该从五个方面抓好落实：一是筑牢新发展理念。贯彻落实习近平生态文明思想，把生态文明建设融入政治、经济、文化和社会建设的全过程，打好污染防治攻坚战，推进生态文明领域治理体系和治理能力的完善和提升。二是构建联动机制。坚持上下游定期协商，完善联合监测、汛期联合打捞、联合执法等横向联动工作机制。三是倡导公民参与。坚持共建共治共享，坚持自然生态"外在绿"与生产生活方式"内在绿"有机统一，推动形成全社会共同参与的良好风尚。四是防止执行偏差。合理构建政策执行机构，高效实现公共政策的上传下达；完善执行监督，畅通执行渠道，提升公共管理水平。五是坚持严肃问责。严守生态环保的红线和底线，做到源头严防、过程严管、后果严惩，确保环境保护党政同责、一岗双责和失职追责落到实处。

根据"十三五"规划纲要和生态管理理论，我国生态公共政策的创新主要表现在四个方面。第一，重视环境保护政策指令。政府部门为达到限制污染物排放，改善环境的目的，可以通过行政命令或法规条例的形式，向污染者明确提出具体标准。第二，深化财税金融体制改革。现行的有关生态环境保护的税收制度已滞后于经济发展，必须深化改革，构建适合我国经济发展的绿色税收体制，进一步深化金融体制改革，大力发展生态金融，构建一套与之相适应的统计、计量与评价标准。第三，注重市场经济政策调控。政府为实现保护生态环境的目的，可以通过激励性或者惩罚性的经济措施来控制污染物的排放。第四，进一步树立生态人才观。将人才培养与自然生态发展统一起来，人才政策向民族地区适当倾斜，创建生态人才创新团队，为民族地区生态型城市提供强大的人才支撑。

二、创新生态法律体系

1. 生态文明建设法律保障体系构建的必要性

第一，生态文明建设是人类对人与自然关系的重新定位，是自然价值观转变的重要体现，而这一价值观的转变，会使原有立法的目的、原则及制度进行必要的更新，从而推动整个法律体系的更新与完善，生态文明建设法律保障体系的构建就成为应有之义。第二，生态文明建设与国家经济、社会发展有着密切的联系，生态文明建设在推动我国经济转型发展中有着重要的促进作用，而我国经济的转型离不开法律的规范与调整。在我国前期的经济发展中，生产方式比较粗放，导致生产耗能不断增加，污染问题日益严重，进而对生态环境造成了严重破坏。在新形势下，为了实现生态建设与经济发展的平衡，并对经济生产活动进行有效控制，必须建立起相应的法律保障体系，利用相应的法律法规来规范经济生产活动。因此，生态文明法律保障体系有着重要的意义。第三，生态文明所包含的制度文明本身对法律保障提出了内在要求。因为制度文明与物质文明、精神文明共同构成了生态文明的主体，缺少了法治保障的文明是不完整的，也无法持续下去。因此，生态文明建设法律保障体系的构建，可以被看作是我国生态文明建设的内容之一，而且能够为我国生态文明建设工作的持续开展提供良好的保障。

2. 生态文明建设法律保障体系构建存在的问题

（1）地方性法规有待完善。

我国在生态文明建设法律保障体系构建中，地方性法规仍然存在明显的不足，因此无法为一些地区生态文明建设工作的开展提供科学的法律指引。首先，很多地区在国家法律的基础上制定了地方性的法规，但是法规的覆盖内容还不够全面。例如，山西省出台了《山西省环境保护条例》，但是条例内容主要围绕环境或资源保护而设定。地方性生态法律法规的不完善，导致当地的生态文明建设工作缺乏权威性的法律指导，而且当地生态文明建设的积极性无法被激发，进而影响到生态文明建设工作的开展。其次，在很多地区还没有建立起专门的污染防治法律法规，例如，针对污染防治，甘肃省目前仅仅出台了《甘肃省辐射污染防治条例》，但是针对水污染、大气污染、土壤污染等方面的防治仍然没有制定专门性的法律法规，仅仅在当地政府规章制度中有所提及，但是这些规章制度只是党中央污染防治在地方层面的反应。污染防治是生态文明建设的重点内容，但是很多地区由于污染防治的法律法规不完善，导致当地污染防治工作推进缓慢，而且面临较大的困难。

（2）存在执法不严情况。

针对生态文明建设工作的开展，我国虽然出台了相应的法律法规，但是部分法律法规的执行效果不明显，导致所制定法律法规的实际作用得不到发挥。首先，执法工作具有一定的滞后性。从当前的情况来看，我国很多地区的生态文明建设执法工作表现出一定的滞后性，比如，往往在环境污染问题出现之后，环境执法才开始响应，执法主体只有在危害出现后才有所行动，但是相对滞后的执法活动往往无法适应环境的变化。其次，部分地方政府的不作为。在地方政府官员的政绩考察中，往往以当地的经济发展成效为考察重点，因此在生态文明建设执法工作中，一些地方政府官员选择不作为，虽然一些生产行为引发了相应的生态问题，但是因为能够创造更高的 GDP，所以对此选择不管不顾。最后，执法程序不完善。在生态文明建设执法工作中，部分执法人员的执法工作流于形式，执法人员比较注重表面工作，忽略了执法程序及相关利益者合法权益的维护，比如针对环境污染行为的惩处，为了加重处罚结果而不惜越权处理。

（3）公众对生态文明建设的认知不到位。

在生态文明建设法律保障体系构建中，公众对生态文明建设的认知还不到位，导致公众始终处于被动状态。而造成上述情况的主要原因是生态文明建设的宣传途径单一，在我国很多地区的生态文明建设法律宣传工作中，主要采用拉横幅、喊口号的形式进行宣传，但是这一宣传方式并不能够让公众真正了解生态文明建设法律保障体系构建的重要性，甚至会对政府出台的法律法规产生抵触和反感，进而对生态文明建设法律保障体系的构建造成一定的阻碍。而且公众对生态文明建设的认知不够，导致他们对生活垃圾的处理方式不科学，地方政府在治理当地环境问题的同时还需要花费大量的精力来处理不断增多的生活垃圾。

3. 构建生态文明建设法律体系

党的十八大以来，以习近平同志为核心的党中央把生态文明建设纳入"五位一体"总体布局，把美丽中国作为生态文明建设的宏伟目标，我国生态环境发生了历史性、转折性、全局性变化。十三届全国人大及其常委会把依法保护生态环境作为立法、监督工作的重中之重，始终抓在手上，开展了大气污染防治法、水污染防治法、土壤污染防治法、固体废物污染环境防治法、环境保护法等 10 部生态环保法律和相关决定的执法检查，为依法打好污染防治攻坚战、推进生态文明建设作出了巨大贡献。2014 年全面修改的环境保护法被称为"史上最严格"的环境保护法。2018 年，十三届全国人大一次会议通过宪法修正案，将生态文明写入宪法。

贯彻落实习近平生态文明思想，紧扣党中央关于生态环保的重大决策部署，把深入开展生态环境保护领域立法、监督工作作为重中之重，努力为生态环境保护提供坚实法治支撑。一个"1+N+4"的生态环保法律体系已经基本形成。"1"是发挥基础性、综合性作用的环境保护法；"N"是环境保护领域专门法律，包括针对传统环境领域大气、水、固体废物、土壤、噪声等方面的污染防治法律，针对生态环境领域海洋、湿地、草原、森林、沙漠等方面的保护治理法律等；"4"是针对特殊地理、特定区域或流域的生态环境保护进行的立法，包括已经出台的长江保护法和黑土地保护法，已经提请审议的黄河保护法草案、青藏高原生态保护法草案。这 4 项特定区域、流域的生态环境保护立法，都是根据党中央、习近平总书记的部署要求而开展的，也是对我国生态环保领域法律体系重要的完善和发展。

随着经济社会的不断发展和环境问题的变化，为实现人与自然的可持续发展，我们必须发展绿色经济，这就需要完善的环境保护与生态管理的相关法律。政府创建和维护绿色经济的法律制度环境，不断更新和完善生态管理相关法律法规。在立法设计上，实现对整个生态系统整体价值的保护，实现由政府单独调控转向政府引导、市场调节与社会调控三方相结合，实现重视生产微观领域向重视生态的综合治理转变，针对当前热门的循环经济、资源高效利用以及有害废弃物的监管等制定或完善相关的法律法规。同时，因地制宜，根据民族地区的经济发展状况和具体存在的环境问题，制定一系列针对性和适用性强的专项地方性法规，将"党政同责、一岗双责"责任制等生态文明体制改革成果转化为法律制度，进一步明确环境功能分区、生态城市、生态园的法律地位，增强公众的环保意识，加大对于破坏生态环境的违法行为的监督力度，一旦查处就直接追究其经济、行政和刑事责任；积极推动建立联席会议、重大案件会商督办、执法联动、信息共享等行政执法与刑事司法衔接机制，保持打击环境违法犯罪高压态势。提升我国环境监管部门工作的科学性和有效性，为环境监测实践工作提供重要的数据和执行依据。

同时要做好法律宣传工作，法律宣传的主要目的在于加深当地民众对生态文明建设的认知水平，明确生态文明建设的重要性，并在生态文明建设中依法依规约束自己的行为。一方面，宣传途径可以选择学校教育、社区宣传、企业教育、机构教育等形式，随着宣传教育工作的不断深入，逐步形成生态建设人人有责的环境氛围，并使个人、企业以及相关机构都能够严格遵相关法律法规，积极参与到生态文明建设的行列中来。另一方面，要对传统的宣传方式进行适当的改进，在此过程中要对微博、微信等进行充分利用，比如建立地方性的生态文明建设微信公众号，要求当地居民进行关注，然后根据当地生态文明建设实际情况，定期在微信中推送生态文明建设的相关信息，包括当地生态文明建设取得成效、居民如何规范自身的行为等方面的内容。生态文明建设法律保障体系的构建有着重要的意义，但是从当前的情况来看，我国生态文明建设法律保障体系的构建仍然存在一定的不足之处。为此，相关管理部门要对存在的问题有一个全面的认识，并从多个层面入手予以解决，从而不断完善我国生态文明建设法律保障体系，并不断提升我国生态文明建设成效。

三、健全和完善我国环境公益诉讼机制

（一）我国环境公益诉讼的现状

1. 立法方面

我国现行民诉法规定了公益诉讼制度，破除了传统诉讼理论要求的"原告须是直接受害者"的桎梏，将公益诉讼纳入我国诉讼法体系当中，形成了"一体两翼、统筹兼顾、全面发展"诉讼法格局。我国最高法的司法解释专门对公益诉讼制度进行了细化，从案件受理、管辖、告知程序、起诉主体、诉讼的调解和解与撤诉、判决效力作了规定。2015 年的环保法

空前严厉，不仅增加了环境污染公共监测预警机制，划定了生态红线，而且扩大了诉讼主体、制定了"按日计罚"制度，明确了政府职责和伪造环境监测数据的责任追究。对于建设项目未批先建的，不允许"补票"审批；环保部门可采取查封、扣押等措施进行监管；还鼓励社会公众参与环保和环保监督。

2. 实践方面

对于环境公益司法保护，我国云贵苏等省份较早进行了探索。这些省份的环保主管部门、检察院、公益团体和组织以及个人都进行过环保公益司法行动。但2012年环保法修订后，全国各地法院对于环境公益诉讼都不敢轻易受理，原因是立法对于"法律规定的机关和有关组织"不明确，也就是原告资格不清楚，贸然受理有违法嫌疑。2015年修订的环保法以及相关司法解释破解了这一难题，但环保公益诉讼并未显著增加，究其原因，是环境公益诉讼的举证难、审理难、判决难和执行难等问题。

（二）我国环境公益诉讼面临的困境

1. 实践方面

首先，环境公益诉讼受到地方保护主义的影响，存在立案难的问题。其次，举证难。一方面，如前所述，环保组织能力有限，而环境损害的调查认定非常之难，使得取证和举证都非常困难。另一方面，环境损害本身具有特殊性，很多环境破坏是多种因素造成的，如何准确判定被告之责任是非常困难的。此外，很多污染企业是本地的纳税大户，要获得它们破坏环境的证据非常困难。最后，执行难。即使环保组织最后胜诉，判决执行仍然是一个非常困难的问题。很多污染企业会以入不敷出等理由拖延履行赔偿义务，使得判决得不到执行，破坏行为得不到制止。

2. 诉讼主体方面

一是原告资格问题。我国现行法规定，法定的有关组织可以提起公益诉讼，并明确了检察院的原告资格。也就是说，自然人是不享有环境公益诉讼的诉权的，不具有原告资格。对于环保主管行政部门是否具有原告资格，现行法并未规定，司法实践中争议也较大。环保行政部门本身具有环保管理职能，通过环保行政行为即可实现对破坏环境者的惩处、实现对环境的修复和保护，无须赋予其原告资格。对于有关组织，我国现行环保法作了如下要求，即地级市以上的专门从事环保公益且连续五年没有违法记录的组织。

二是缺乏专家陪审员制度。如前所述，环保诉讼是一种技术性很强的诉讼活动，要解决审理难的问题，必须有专业的环保领域的人士参与，但我国目前在这方面比较欠缺。

3. 诉讼费用方面

我国现行法规定，检察机关提起公益诉讼，诉讼费用直接免除。相关司法解释也对其他具有原告资格的组织的诉讼费作了尽量优惠的规定。但环保诉讼费用占比最大的往往是调查取证、专家咨询、检验鉴定等专业技术性费用，这些费用往往很高。如果没有事先的补贴，很多组织根本无力提起诉讼。但如果事前补贴，又可能存在滥诉的问题。这种两难困境需要立法去通过解决和平衡。

4. 证据方面

我国现行法明确了环境公益诉讼中原告方需提供的证据，包括被告的排污行为以及其对社会公益所造成的损害或带来的损害风险。但环境侵害行为的后果往往具有潜伏性和间接性等特点，很多损害是当前科技无法检测和确定的。如果严格按照现行法规定要求被告举证证明自己没有责任或减轻责任的情形，对被告是不公平的，也有违立法初衷。这就需要立法在举证责任方面作更细致的考量。此外，在举证方面，我国现行法还没有确立专家证人出庭作证制度，不利于环保公益诉讼举证难问题的解决，也不利于确保案件审理的公正性。

5. 审理程序方面

尽管我国现行法规定了环境污染损害赔偿之诉讼时效是三年，但并未就环境公益诉讼的时效做出规定。对于环境公益诉讼和环境私益诉讼，究竟应当审理哪个，现行法也无规定。不过，最高法的司法解释给了一个建议，允许私益诉讼原告暂时中止其诉讼，等到公益诉讼判决做出后，再借助判决进行私益起诉。当然也可自主决定进行私益诉讼。此外，最高法的司法解释还规定，诉讼双方可进行调解，但调解协议须经法院审查后方可对外公告。既然对外公告，那就允许社会公众特别是利益相关者提异议。那么问题就来了，如果有人提出异议应当如何解决？我国现行法对此并无明确解释。

6. 判决执行方面

环境公益诉讼的判决往往都会涉及资金赔付。这些赔付资金如何管理和使用，我国现行法并无明确之规定。此外，环境公益诉讼的本质是公益行为，需要耗费大量的时间、精力和金钱。如何激励具备资格的诉讼主体积极主动行使起诉权，特别是补偿其诉讼中的损失，是需要我们深入考虑的一个问题。

在现实的很多实践案例无法提起诉讼，原因是找不到确定的受害人或者受害者太多。引入环境公益诉讼制度，当出现环保违法行为可以由其他法人向法院提起诉讼，或者也可以由相应的社会团体提起诉讼，比如可以赋予某些环保 NGO 组织有这一职权和职责，由组织直接提起诉讼，这一制度也能鼓励公众更多参与到环境保护中来，也能激发公众对环保违法行为的检举揭发的主人翁意识。一项制度的作用要得到真正的充分发挥，必须使这一制度能鼓励守法行为或能严厉打击违法行为，这样才能促使各类主体自觉地遵守各项生态方面的规定。一旦产生环保违法行为就应该加重其经济责任，可以提高罚款数额或根据其违法的行为和主体的种类设置不同等级的处罚金额。此外，还要适当调整生态违法刑事责任的适用范围，完善刑法对环保违法行为的处罚，从而实现从根本上打击破坏生态环境的违法行为。

（三）完善我国公益诉讼制度的建议

1. 健全诉讼主体

我国现行法并未将公民个人列为公益诉讼之主体，使得这些有责任心的现代公民失去了通过司法维护社会公益的途径和方式，对于促进社会公益是不利的。鉴于此，笔者认为有必要将自然人列为环境公益诉讼的主体。检察机关是当之无愧的公益诉讼主体，在此不做赘述。

对于环保组织，我国现行法明确了法律法规规定的组织可提起公益诉讼，也就是说地方性法规规定的组织具有公益诉讼之原告资格。对于此类组织的诉讼能力，有必要通过立法和制度健全强化其诉讼能力。一方面可以修改现行的有关社团组织的法律法规或者制定一部非营利组织法，明确此类组织的注册登记和法人地位，强化其独立性；另一方面，鼓励当地企业、政府与环保组织合作，加大政策支持和资金捐助力度，拓宽环保组织资金来源渠道，同时健全财会制度和审计监督制度，在确保资金充足的同时加强监管，使得环保组织有能力依法开展公益诉讼活动。

此外，还要加强专业人才队伍建设，聘请环保领域专家担任环保组织的技术顾问，定期对组织人员进行技术和专业知识培训，同时加强与有关鉴定机构的合作，提升环保组织的技术能力和胜诉能力。环保行政部门是否可作为原告，笔者认为没有必要。因为我国现行法已经对这些部门的职能作了明确规定，它们只需各司其职、各尽其责即可，如果赋予它们诉权，反而可能导致它们"不务正业"，以诉讼代替环保行政职能。

2. 完善诉讼程序

对于环境公益的诉讼时效，笔者认为应当使其不受时效限制。环境损害往往具有潜伏性和长期性等特点，如果强行规定诉讼时效，显然不利于环境公益的维护，因此不宜设置时效限制。关于公益诉讼的举证责任，笔者认为应当让原告担负一定的举证责任，以避免对被告造成不公平。如果原告是环保部门或检察院，则应适用"谁主张谁举证"之原则。对于调解协议公开后发生异议的情况，笔者认为，应当通过立法或司法解释进行明确，要明确提出异议的主体资格、可提异议的内容范围、异议的内容和依据、异议人的情况、异议的受理及处理等，使异议得到及时处理，环境公益得到及时维护。对于环境公益诉讼的受理法院，笔者认为应当适用我国现行法中有关诉讼管辖之规定。对于跨行政区域的案件，可由上级法院指定管辖。对于环境公益诉讼的赔偿，笔者认为可引入惩罚性赔偿机制，对于故意严重损害生态环境的行为，可参考损失额或获益额的两到三倍给予加重惩罚。

3. 建立配套制度

为解决公益诉讼费用高的难题，笔者建议设立环境公益诉讼专项基金给予支持。可由财政部牵头，生态环境部、最高人民检察院、最高人民法院共同参与，协调重点领域涉污企业（如石油、化工、汽车制造行业企业）筹措环保资金。要健全制度设计，明确资金的管理和使用，建立监督审计制度，确保资金使用合理合法。同时，要建立生态修复机制。环境公益诉讼胜诉后，有关赔偿费用要用到恢复生态环境中去，这就需要一套制度机制来确保落实，否则环境公益诉讼的效果就会大打折扣。笔者认为，应当由中央对生态环境修复机制进行统一设计、统一规划和统一实施。完善专家证人出庭作证制度和专家陪审员制度。现实的公益诉讼实践中已有专家辅助人作证的先例，对于环保公益诉讼，笔者认为有必要建立专家证人出庭作证制度，聘请专家教授出庭作证并作说明解释，以提高相关证据的证明力和审判的公正性。鉴于环境诉讼的技术难度，专家陪审员对于案件审理非常重要。在案件审理过程中，法院可延聘专业的专家教授参与案件庭审，向法官提出专业技术等方面的参考建议，进而提高审判的公信力和判决的专业性、公正性。此外，还应建立激励机制，对提起环保公益诉讼并对环保事业做出突出贡献的组织给予奖励，以调动全社会参与环保的积极性。

第三节　四川民族地区生态型政府构建

一、生态型政府的内涵

生态型政府的内涵与"生态"及"政府"的意蕴相关，主要取决于对"生态"的界定与解读。而生态学（ecology）一词自首次被提出后其内涵与外延不断在发生变化，研究的内容也逐渐丰富。

生态型政府中的"生态"概念应该定义为追求实现人与自然的和谐共处。而以实现人与自然的和谐共处为目标所进行的行为和取得的成果，即以保护与恢复包括人在内的自然生态系统的平衡、稳定与完整为目标的一切过程和成果我们不妨称为"生态型"或"生态化"。因此，生态型政府的内涵就是指致力于追求实现人与自然的和谐共处的政府，或者说是以保护与恢复自然生态平衡为根本目标与基本职能的政府。

也就是说，所谓生态型政府就是指将实现人与自然的和谐共处作为其基本目标，将遵循自然生态规律和促进自然生态系统平衡作为其基本职能，并能够将这种目标与职能渗透与贯穿到政府制度、政府行为和政府文化等诸多方面之中去的政府。更具体地说，生态型政府就是政府追求实现目标、法律、政策、职能、体制、机构、能力、文化等诸多方面的生态化。

二、生态型政府的基本特征

（一）生态优先是政府的根本价值取向

现代政府的价值目标主要表现为既要追求经济效益，又要追求社会效益，还要追求生态效益或环境效益。但是，当这三种效益发生矛盾特别是经济发展与自然生态系统的完整性、稳定性发生冲突时，企业往往追求经济利益最大化，往往最终以经济效益优先于生态环境保护。而现代政府既是不直接参与经济的特殊经济主体，又是生态环境保护的最主要责任者，其价值取向从根本上趋于后者还是前者，是区分生态型政府与非生态型政府的一个基本标志。政府的价值目标或价值取向是政府活动的出发点与归宿，它具有层次性、多样性、从属性、优先性等特性。现代政府的价值目标主要表现为既要追求经济效益，又要追求社会效益，还要追求生态效益或环境效益。今天国家或政府的生态环境政策制定总是强调从生态环境效益出发而不是从经济效益出发，所以政府作为自然生态价值的"受托人"，除应当制定有利于生态环境保护的环境政策之外，还要对经济政策进行调整。从长远考虑，生态环境效益应重于经济效益。实质上生态环境效益与人类的代际利益、整体利益、长远利益、持续利益是相契合的，只有不断创造条件努力坚持生态环境效益优先的政府才不是一个短视的政府，是一个具有长远目光与高度人文关怀的政府，是一个真正以人为本的政府。

（二）生态管理是政府的一项基本职能

生态管理的具体内容是：将生态学和社会科学的知识和技术以及人类自身和社会的价值整合到生态系统的管理活动中；管理的对象主要是自然和人类；管理的效果可用生物多样性和生产力潜力来衡量；科学家与管理者确定生态系统退化的阈值及退化根源，并在退化前采取措施；利用科学知识做出最小化损害生态系统整体性的管理选择；管理的时间和空间尺度应与管理目标相适应。生态型政府必须做到对政府管理的全域、全程和全部环节进行"生态化"管理，必须能够运用各种有效手段实现生态管理。因此生态型政府必须将生态管理作为政府的基本职能之一。而且生态管理还是政府管理职能中最为基础与核心的内容，因为从一定的意义上说生态管理的本质归根到底是对人与自然关系的协调，进而实现人与自然关系的和谐。

（三）综合协调性是政府生态管理体制的显著特征

无论是针对自然生态系统，还是将"自然—经济—社会"视为一个复合的生态系统，其都是由各种要素构成的相互联系相互作用的整体，在生态系统中，一切事物都是相关的。生态管理只要追求自然生态系统的平衡、稳定与健康，追求人与自然的和谐，其管理体制就必然具有统一性、综合性、整体性、协调性等显著特征。政府生态管理体制的综合协调性主要表现在：一是，对自然生态系统的各种要素的统一综合管理。传统的生态管理往往将一个完整的自然生态系统分为不同的部分如水、土、森、草、生物等，并分别将有关管理任务交给不同的区域（包括不同的国家）、不同职能的政府管理部门。但是人为地割裂生态要素之间的有机联系是导致生态破坏、生态退化的主要原因之一。而科学的生态管理必须要将自然生态系统作为一个完整的有机系统来统筹管理，这必然要求将不同的政府部门管理职能有机地统一起来加强统一性、综合性、协调性的生态管理体制建构。二是管理自然生态系统和管理其他经济社会系统的不同类型的政府部门之间具有整体协调性。无论是什么管理部门，无论其职能是什么，只要与协调人与自然的关系相关都会间接地反作用于自然生态系统。所以为了实现人与自然的和谐共处，政府的生态管理体制还必须强化对不同类型的政府部门的管理关系的整体协调性。当然受不同的自然、经济、政治、文化等的影响，不同国家的政府生态管理体制的综合协调性各有特色。

（四）生态科学家咨询是生态型政府决策机制的广泛构成

与传统的政府不同，现代政府决策机制的一个重要构成就是专家咨询系统。它在现代政府决策体制中发挥着越来越重要的作用。现代生态型政府建设同样需要有生态科学家进入政府咨询系统，广泛参与政府决策咨询过程。虽然现在已经有许多国家和地区的决策者在对大型的建设项目进行审批时，会专门听取专家在生态环境方面的建议，但与经济等方面的政府专家咨询系统相比，生态科学家进入政府决策机制则明显落后。这可能与生态科学家队伍建设不足有关，也与政府对自然生态环境问题重视程度不够有关。所以一方面，现代生态科学发展迅速，其学科跨度与研究内容越来越丰富与复杂，因而对学者的要求也越来越高。政府应当加大对生态科学研究的支持力度，建设更多更强的生态科学专家队伍。另一方面，政府自身还要加强学习，提高对自然生态系统的脆弱性和复杂性的认识，提高对生态科学作用和意义的认识，积极主动地吸纳生态科学家进入决策系统。同时正因为现代生态科学发展已经延伸到众多学科领域，政府生态管理体制又涉及众多不同类型的政府部门，所以现代政府的决策机制理应需要生态科学家的建议，这是生态型政府建设的内在要求。

三、当前制约四川民族地区构建生态型政府的因素

建设生态型政府与建设服务型政府、责任政府、法治政府等一样，都是政府与时俱进的要求。这也是在生态问题日益严峻、生态科学知识迅速发展、人们生态意识又不断强化的背景下，政府更新发展理念与目标的要求。生态管理是政府的一项基本职能，作为社会治理权威的政府在自然生态危机的处理中负有不可推卸的责任。但是，研究表明，当前制约四川民族地区构建生态型政府的因素主要有以下几个方面：

（一）当前四川民族地区推进生态型政府建设面临的理念困境

1. 政府自身生态环境意识的滞后

许多政府部门，特别是四川民族地区的地方政府其经济意识远远强于生态环境意识。例如，尽管"节约型社会"的理念已渐入人心，但当前我国政府部门的节能状况和节约意识仍令人担忧。因此，政府自身还要加强学习，提高对自然生态系统的脆弱性和复杂性的认识水平，增强节约行政、廉价行政的观念，提升生态管理意识。

虽然政府对环境保护问题给予了高度重视，但在生态环境意识方面仍存在滞后性。这主要表现在：政府采取预防污染的措施不够，仍采取事后治理的方法，由此导致政策制定的导向失误；政府在环境保护和环境治理方面投入过低；政府在环境执法方面的力度不够，执行程序和操作上有所欠缺，甚至出现多头管理最后又无人管理的现象，给环境治理带来很大的困难。因政府部门机构设置不合理，对环境的管理仍然分属不同部门，导致环境政策的制定既缺乏整体性又缺乏连贯性。管理部门的分割使得对环境问题的政策制定缺乏整体性意识，而且经济发展计划与环境生态保护规划往往是互不相干的两套计划，一旦在现实中两者发生冲突，通常是后者服从前者，因此会导致政府对环境管理的失效。

2. 四川民族地区公众主动参与生态文明建设意识的缺失

经济社会的不断发展使人们对与自己生活密切相关生态环境较为关注，但是仍有部分民众甚至损失生态环境来满足自己个人的利益，因此缺乏主动参与的意识和行为。而公民环境意识直接与经济社会的总体发展水平和人民的文化素质息息相关，提高公众生态环境保护意识水平应归于政府职能。但是在履行这一职能时政府仍以"自上而下"的方式号召公民参与环保，没有注重调动公民自身的积极性。从参与的内容来看，目前政府参与环境保护宣传方面主要集中在宣传教育方面；从参与的过程来看，主要侧重于事后的监督，事前的参与不够；从参与的保障来看，制度性建设不够完善。然而，城市群生态建设，不只是政府的行为，还与各企业、所有居民紧密联系，政府应该加强公众生态环保意识教育，充分调动公众参与生态建设的积极性，让节约资源、保护环境的意识深入人心。因此，当前公众生态环境意识不强是构建生态型政府面临的一个主要问题。

3. 部门管理条块分割，环境政策制定缺乏整体性、连贯性

综合协调性是政府生态管理体制的显著特征，建立专门的协调监管机构是构建生态型政府的有效保障。四川民族地区各个城市群行政区划及其行政隶属关系复杂，仅靠各种形式的会议是不能有效解决生态问题的，必须要建立一个具有权威性的、能统一协调的机构，从制度上保障全局以生态利益为先的可能性。

4. 缺乏对生态管理绩效的评估

目前官员的绩效评估体系格外重视对经济方面的考核，对生态效益的考评不够重视，这直接造成官员的生态意识弱化。这样的绩效指标体系必然导致各行政区强化资源配置的本地化，只顾孤立发展局部经济和短期经济，而忽视生态效益和区域整体经济的可持续发展能力，使生态文明建设受阻。此外，生态评估标准还没有量化，使得政府在实际工作中难以落实具体的措施，取得切实的成效。

5. 四川民族地区政府生态管理职能的"缺位"现象严重

四川民族地区政府生态管理职能尚未完全向服务性理念转变，环保政务透明度不够。四川民族地区政府对生态环境政务依旧采取大包大揽的单向管理姿态，缺乏服务性理念，监督约束机制不到位，四川民族地区政府信息服务职能至今无法适应信息化时代的要求，在环境问题上存在着很大的信息不对称现象。由于信息不透明或获取信息的成本太高，公众不得不咽下环境受损的苦果。此外，一些地方政府长期存在"重宣传、轻落实，重处罚、轻整改"的惰性思维，极少考虑到社会参与性监督的重要性。

我国的政府职能经历了由政治职能为主向"以经济建设为中心"的经济职能为主，再到"以人为本、构建和谐社会"的社会职能为主的转变，这体现了我国政府具有一定的生态行政的特征。但从现实看，在许多方面还存在着问题，特别是四川民族地区经济发展中人与自然的矛盾日益突显，不能很好地适应和谐社会建设的要求，也不能顺应国际政治经济生态化的趋势。政府生态管理职能配置上存在着严重的"缺位"和治理失灵的问题，缺乏专门和统一的生态管理部门，基本上是各行其是，缺少沟通和协调，导致资源和财力的严重浪费。因此，变革不适应环境的四川民族地区政府生态管理体制与管理方式，创造政府生态管理体制运转的新模式就变得更为迫切。

（二）当前四川民族地区推进生态型政府建设面临的制度困境

在推进四川民族地区生态型政府的建设中，单纯依靠政府的自觉意识

是难以实现生态协调发展的，还必须建立适当的制度支持和保障，但从现实情况来看，四川民族地区推进生态型政府建设面临以下制度困境：

1. 环境管理的体制比较落后

要有力地开展环保工作，必须有一整套的国家专门机构，其中地方基层环保部门却没有引起政府的重视，级别较低。加之机构不健全，环保专业人员欠缺执行力，这些实际情况严重影响了环境治理的实际效果，不利于环保工作的顺利开展。我国目前对环境问题的管理仍然分属不同部门。例如，仅以水资源的行政管理为例，我国地表水开发利用归水利部，地下水归自然资源部，海水归国家海洋局，大气归中国气象局，水污染防治归生态环境部，城市和工业用水归建设部门，农林牧渔业供水归农业农村部和国家林业和草原局，这种局面是我国行政化纵向割裂环境生态整体性的一个缩影。由于部门分割造成对环境问题的政策制定缺乏整体性意识，而且经济发展计划与环境生态保护规划往往是互不相干的两套计划，一旦在现实中两者发生冲突，通常是以后者服从前者。

2. 区域信息互通制度不完善，导致生态管理风险增加

当前我国区域经济发展不平衡，经济的差距导致一些欠发达地区为了追求经济的增长以牺牲环境为代价，生态环境遭到破坏，而生态系统破坏后又反过来影响经济的发展，最终形成恶性循环。信息经济学认为，达到协作最优状态的条件是实现完全信息互通。因此，要建立区域之间生态管理政策及其变化的政策信息交互机制，尤其是面临紧急生态安全事件时，完善的信息交互机制显得格外重要。但目前各个城市群的信息互通基本上还停留在会议上，缺乏信息互通、共享、互动的协作平台和机制，这严重阻碍了城市群的生态监管协作的顺利开展。

3. 环保法律有待完善

法是实现国家职能的基本手段，生态管理法律体系是政府生态管理的制度保障。中国经过20世纪80年代和90年代大规模的生态和环境保护立法之后，仍有部分生态法律并没有真正地发挥作用，主要表现在：生态法律定位欠准确、法制体系不完备，法治建设与生态危机的现状所提出的要求不相适应，执法力度不够，公众和环境法治意识不强等。

四、四川民族地区生态型政府构建路径选择

(一) 树立生态优先的理念，强化政府与全社会的生态价值观

强化政府与全社会的生态意识和生态伦理价值观。"生态优先"应当成为政府的根本价值取向，传统发展观的缺陷就在于不注重环境和资源的潜在价值。因为生态环境效益与人类的代际利益、整体利益、长远利益、持续利益是相契合的，只有坚持生态环境效益优先的政府，才是一个具有长远目光与高度人文关怀的政府。首先，四川民族地区政府部门应该积极倡导"环境友好"的消费方式，并以身作则，节约行政开支，切实成为环境保护的"代言人"。其次，还可以将环境保护知识与法律等基础知识同等列为政府公务员报考、考核的内容之一，也作为考核政绩的一项考核内容，建立生态型政府建设政绩考核制度。政绩考核包含经济发展、环境保护、社会进步三个方面，要科学设置生态 GDP 和包括资源、环境、人才等在内的指标，使政绩考核真正成为四川民族地区生态型政府建设的助推器。再次，四川民族地区政府部门应加强和完善环境信息披露制度，通过新闻媒体向公众披露环境出现的问题以及解决的程度。最后，四川民族地区政府部门还应组织建立和完善环境保护工作制度，通过宣传、教育等方式，带头和鼓励民众广泛参与环保实践。

一是强化生态意识，明确政府生态责任。生态意识就是以科学的生态价值观为指导的社会意识。这种意识以倡导人与自然的和谐发展为中心内容。生态价值观就是生态文明的价值观，它以生态合理性为核心。推进四川民族地区生态型政府建设，要求我们树立生态优先观念、强化生态意识、明确政府生态责任。首先，四川民族地区政府要明确对自然的生态责任，充分考虑生态环境的价值，科学开发、合理利用自然资源，最大限度地保持自然界的生态平衡。其次，四川民族地区政府要明确对市场的生态责任。要倡导和监督企业生产生态产品，注重再生资源的开发和利用，不断帮助企业开展生态经营等。再次，四川民族地区政府要明确对公众的生态责任。确立"代内公平"观念，以自然为中介实现同代人之间的共同发展；确立"代际公平"观念，为后人着想，多谋"留与子孙耕"的事，不做"留予子孙债"的事。最后，在城市群"两型社会"建设中，四川民族地区各级政府应该充分认识到本地区良好的生态环境价值，在招商引资中，在确定本地区支柱产业时，应以不污染环境为前提，以生态保护和可

持续发展为着力点，把本地区长远利益和眼前利益、经济效益和生态效益、现实利益和潜在利益有机地结合起来。

二是培育生态文化，培养生态公民。环境保护人人有责，建设四川民族地区生态型政府，需要群众的广泛参与，因此让民众形成环境保护的自觉观念和意识便显得极为重要。如果说宣传只是让人们知道和了解环境保护的重要性，那么培育生态文化便是从意识上让人民来自觉地保护生态环境。当今时代，文化越来越成为民族凝聚力和创造力的重要源泉，越来越成为综合国力竞争的重要因素，丰富精神文化生活成为人民的热切愿望。培育生态文化，培养生态公民是一项巨大的工程，当前，摆在我们面前的工作有以下四点：一是要通过各种形式、各种媒介加大环境保护宣传力度，杂志、电视、网络等都是我们宣传环境保护知识的很好载体；二是制定明确可行的奖罚制度，从制度上来保障环境保护的实施；三是加强教育，不仅应该加强对学生的环境保护教育，还应加大对劳动群众的环境保护教育；四是形成稳定的生态保护法规、条例，以此来规范人们的行为，使人们渐渐形成一种自觉的环境保护观念和行动。

（二）创新体制机制，大力推进四川民族地区生态型政府建设

一是健全法律体系，完善四川民族地区政府生态管理制度。四川民族地区生态型政府构建过程也是政府生态管理制度建立和健全的过程。一方面，四川民族地区政府必须对生态环境领域的工作及其绩效做出具体的制度安排，包括评估制度、可持续开发报告制度、生态环境监督制度等，尤其是当地重大项目的生态环境评估公开及听证制度、对政府官员在生态环境方面的责任及惩罚制度等。另一方面，四川民族地区政府还应建立相应的自律机制。"政府在经济发展中要严格遵守国家相关环境、生态的法律法规，不得为了局部利益和眼前利益违反法律；政府也应自觉地接受法律法规的约束，在发展经济的同时追求人与自然的和谐发展"。

二是要落实部门责任制，加强监督评估，确保生态管理的科学化。科学的生态管理必须将自然生态系统作为一个完整的有机系统来统筹管理，必须将不同的政府部门管理职能有机地统一起来，加强综合性、协调性的生态管理体制建构。首先，四川民族地区政府部门要积极借鉴国内外先进环保管理经验，通过完善地方性法规和行政规章等方式，设置强制标准，增强环保执法力度，严惩破坏环境资源的犯罪行为，使那些以牺牲环境为代价来发展经济者付出相应代价。同时，尽快制定机关资源消耗定额和考

核办法并建立健全资源节约奖惩制度，建设生态型机关。其次，建立和完善环境与发展综合决策制度，使各种短期行为和机会主义行为真正受到约束，处理好经济社会发展中当前利益和长远利益、局部利益和整体利益的矛盾。最后，四川民族地区政府部门在制定和执行各项政策时，应充分考虑生态环境的承载能力和生态保护的需要，组织科学的监督、论证和评估，避免因重大决策失误而造成严重的生态事故。

三是要加强四川民族地区生态型政府理论研究，建立四川民族地区生态型政府理论专家参与行政决策的机制。生态型政府的建设需要有行政生态学专家进入政府咨询系统，广泛参与政府决策咨询过程。因此，四川民族地区生态型政府建设同样需要有行政生态学专家进入政府咨询系统，广泛参与政府决策咨询过程。四川民族地区政府应当加大对生态科学研究的支持力度，培养更多更强的生态科学专家队伍。许多政府部门特别是四川民族地区政府的经济意识远远强于生态环境意识。政府自身还要加强学习，提高对自然生态系统的脆弱性和复杂性的认识，提升对周围行政环境变化的敏感性，积极主动地吸纳行政生态专家进入决策系统。同时，四川民族地区政府生态管理体制又涉及众多不同类型的政府部门，所以，现代政府的决策机制理应需要越来越多的行政生态学专家广泛地为政府决策提供建议，这是四川民族地区生态型政府建设的内在要求。

（三）转变政府职能，加强区域生态协同监管

推进四川民族地区生态型政府建设，对政府职能体系是一个全新的挑战。四川民族地区政府应借此契机科学调整和规划职能，特别是完善四川民族地区政府生态方面的职能，实现职能设置科学化，优化政府职能，提高政府生态服务能力。

促进四川民族地区政府职能向生态管理的转变，提高四川民族地区政府生态行政服务能力。建设生态型政府意味着既要实现政府对社会公共事务管理的生态化，又要追求政府行政发展的生态化。四川民族地区政府应做好自身的定位，立足于公共服务、市场监督，把生态标准纳入政府机关的考核项目中，促进政府政治行为的生态化。现代政府在追求经济效益、社会效益的同时还要追求生态效益或环境效益。但当三种效益发生冲突时，只有坚持生态环境效益优先的政府，才是一个真正以人为本的政府。深化并细化四川民族地区政府生态服务性职能，逐步完善政府新型职能体系。面对日益严重的环境问题，公众比任何时候都关注政府行为。四川民

族地区政府必须改变服务方式，细化服务内容，从而加强政府凝聚力。在生态环境问题上，四川民族地区政府生态管理要更多地遵循市场规律，把自己定位于生态服务者的角色上来，为社会和公众提供优质生态公共品。

生态型政府要求政府在实现对社会公共事务管理的生态化的同时又要实现经济、社会、生态系统的和谐。但政府又不能独立完成这项任务，这就需要政府借助社会上的其他力量，因此应由政府管制转变为政府管理，要有效地利用四川民族地区政府已经拥有的资源，使其在政府部门、机构之间得到合理的分配和使用，以充分发挥政府现有的能力，保证设定的政府环境责任能够落实。另外，四川民族地区政府的生态功能与行政功能上要协同发挥，在区域生态协同监管内容上，一是设立区域生态监管联席会，定期召开会议，通报监管的政策执行情况与趋势以及地方经济发展状况，分析评估区域生态整体状况，强化生态安全。二是建立信息共享制度。为了保证生态管理总体目标的同步实施，应建立区域生态管理专家委员会，加强区域内地方政府部门的信息互通和资源共享。三是构建区域生态评估体系和生态危机预警机制。重新对区域内生态承载容量和各项生态环境指标进行评估，建立合理的评价体系，构建信息化网络数据库以及生态预警机制，动态监控环境状况，通过卫星、遥感、GIS 地理信息系统、GPS 全球定位系统等先进技术，利用决策支持系统和专家系统制定相应的预防措施，及时化解生态风险和危机。四是建立区域监管协作制度。为堵塞监管漏洞，减少监管重复，应指定一家主要监管部门或建立一个强有力的生态监管协调机构，负责对区域的生态进行监管，统一生态管理步伐，保证整体目的实现。

（四）树立正确政绩观，实施环保政绩考核制度

实施生态政绩考核指标、实行领导干部离任生态审计制度。在考核领导干部的政绩时，不能只看 GDP，还要看生态指标。生态审计就是在进行领导干部离任审计时，既要看其在任期间当地经济情况，也要看生态环境和资源的保护情况，这有利于干部考核制度更科学、更全面、更公正。把环保政绩作为干部考核的重要内容，通过激励和约束制度强化干部的生态责任和生态意识。生态审计不过关，干部不能提拔，只有这样，才能扭转一些地方和行业不惜以牺牲资源和环境为代价换取 GDP 增长的错误做法，才能遏制四川民族地区政府机构的浪费现象，才能促进四川民族地区经济增长方式由粗放型向集约型转变，使经济发展走上健康的轨道。

（五）加大生态科技研发投入，为构建四川民族地区生态型政府提供技术支撑

长期以来，国家和环保部门投入了大量的人力和物力开展环境治理，但四川民族地区"重管理、轻科技，重科研、轻应用"的问题十分突出。科技意识淡薄，对环保新技术的应用认识不足、组织不力，也影响了科技成果的推广应用。因此，四川民族地区政府部门应该加大对环保科技研究的投入，建立科学技术的自主创新体系，以企业为基础，一方面要用新技术来改造和发展传统产业，使其获得新的生命力；另一方面要有重点、有选择地发展高新技术及其产业群，占领高新技术领域的制高点，形成资源消耗少、资源和能源利用效率高的高新科技产业。与此同时，四川民族地区政府部门还应鼓励环境科技创新，将相关科技成果结合国际先进成果，争取形成具有市场竞争力的产品或产业。

第四节　四川民族地区生态公民养成

一、生态公民养成的内涵

"生态公民"中的"生态"一词内涵比较丰富和易生歧义。有人专门将"生态"的内涵演变概括为四个阶段：20 世纪 20 年代以前是指生物有机体与周围环境关系；20 世纪 20 年代至 60 年代是指人类与自然环境关系；20 世纪 60 年代至 80 年代末是指人类与自然环境以及人文环境关系；20 世纪 80 年代末至今是指人类环境中各种关系的和谐。本书主要从狭义角度对"生态"内涵进行解释，即指人类与自然环境的和谐共处，包括人类在内的自然生态系统的平衡与稳定。只要适应于实现人类与自然环境的和谐共处的任何其他关系或方面都可以称之为"生态""生态型"或"生态化"。

"公民"既是一个法律概念，也是一个政治概念。从法律上说，公民指的是具有一国国籍，并依据该国宪法和法律规定，享有权利和承担义务的人。在政治上，公民拥有的法定权利，集中体现为参与公共事务并担任公职的正当资格，而这一点唯有在某种形式的民主共和政体之下才是有可能的。据此，所谓生态公民也可简单地理解为能够将实现人与自然的和谐共处作为其核心理念与基本目标，依法享有生态环境权利和承担生态环境

义务，并且其中具有参与生态环境管理事务并担任公职资格的人。而真正的或合格的生态公民应该不仅要具有坚定的生态理念，而且要具备明确的公民意识，并能积极地参与到生态环境事务行为中去。

其基本特征可概括为：具有较高的生态伦理意识与一定的生态科学知识等生态精神素质；具有自觉地维护其享有的生态环境权利的意识与能力；具有自觉地履行其承担的生态环境义务的意识与能力；具有积极地参与生态环境事务的实际行为等。生态公民也可称为生态公民或环境友好公民等。生态公民通常是一个个体性的术语，即特指生态公民个人，但有时也会泛指作为生态公民集合体的公民组织，如生态公民社会或生态非政府组织，还可作为具有一定生态公民性质的公民性组织，如生态企业。

生态公民概念的提出以及生态公民养成的呼唤，是现代公民在生态环境治理中的地位与作用越来越重要的反映，也是现代公民行使与维护自身生态环境权益的需要，是最终解决生态环境问题的根本之道，也是现代政府生态治理方式变革与创新必然趋势的体现。工业革命以来，生态环境问题主要是工业企业的非生态化生产所导致的，政府与社会的生态环境管理也主要是以工业企业为对象。但随着社会经济发展模式的转型，经济发展重心由第二产业向第三产业的转移，公民个人的日常生活行为对生态环境的影响与破坏也在不断地增强，于是世界各国也开始逐渐重视约束公民个人的非生态化行为，积极倡导生态公民养成教育与引导，生态公民养成问题也必然会跃入人们的理论视野与实践领域。

目前，我国对生态公民的专题研究还比较少见，但也出现了促进生态公民养成的实践方案与实际行为。如一些学者发表的《公民环境道德宣言》，在相关法律体系中对生态环境保护的立法，等等。生态环境几乎都是公共物品或准公共物品，由于生态环境的产权不安全或不存在、公共性与外部性等原因，作为纯粹私有产权市场的生态市场往往会大面积失灵，因此长期以来，生态环境管理一直被视为是政府的责任。但由于生态环境问题越来越复杂，以及政府管理的成本过高、有限理性和官僚主义等原因，政府生态管理也面临着种种失灵。所以，随着市场的不断扩张，以政府为唯一主体和以"政府直控型"为特征的传统生态环境管理制度已受到挑战，而以盈利性企业、非盈利性组织和公民个人等的多元化治理主体取代以政府为主导的单一治理主体，以独立的个体以非正式制度或自主治理制度取代政府外在制度或强制性制度，能取得更好的环境治理绩效。

这体现了一种新的生态环境管理模式，即生态环境治理与善治，其本质内容就在于它是政府与公民对生态环境的合作管理，是政府与公民社会的一种新颖关系。在生态环境治理与善治的视野中，生态型政府的构建就是要打破单一的政府生态管理权力中心，充分注重公民参与，强化政府与公民在生态环境管理中的合作与互动，以促进生态环境利益的最大化。由此观之，生态公民养成是现代生态环境治理方式创新的前沿问题。

就生态公民养成而言，一方面，公民属于政府与社会关系范畴中的社会领域。社会在自身的发展过程中产生了政府，由政府来管理社会，这是社会发展总过程中的一个必经阶段。在这个阶段中，社会由政府管理到什么程度，实际上取决于社会自身的发展程度。如果政府定位为服务者的角色，政府就不应当把对社会的管理当作目的，而应当作为推动社会走向成熟的手段。政府自己不应安居于统治或管理的地位之上，政府应当持有的价值取向是把培育成熟的社会作为自己的责任。同样，在生态环境治理中，生态公民的养成不是一个自在的过程，生态公民社会的成熟也不是一个自发的过程。目前较为普遍的现实是，普通公民对生态环境不关心者或只对与自己日常生活密切相关的"私益性"生态环境关心者相对居多，而对远离自己日常生活的"公益性"生态环境关心者相对较少。所以，如果以为社会服务为价值取向，在生态型政府构建中，政府仍应当将推动生态公民的养成以及生态公民社会的成熟作为自己的责任。

另一方面，随着社会富裕程度的提高与公众教育的普及，社会公民在追求物质满足的同时，也越来越更加注重精神享受与生态需求。但是，他们同时也意识到公众自身既是生态环境问题的最终受害者，也是生态环境问题的始作俑者。所以，在公民自身觉悟与政府强力推动的双重作用下，必然会有越来越多的生态公民得以养成与涌现。而在现代民主政治发展的背景下，生态公民养成对推动生态型政府构建又具有着重要的反作用，他们必然通过各种方式呼唤、配合、支持与督促生态型政府的构建与发展。相对于政府与政府、政府与企业、政府与非政府组织等之间关系，政府与公民应当是一种最为根本性的关系，与政府所对应的所有组织都可以视作为是这个关系中的某种中介，因为任何组织中的成员不论其身份与角色如何，首先都是作为一个公民而存在的。

从这个意义上说，相对于政府与其他组织之间的关系，解决好政府与公民之间的关系应当具有某种更重要的基础性价值。同样，生态环境问题虽然与企业和政府等组织行为有关，但生态环境问题归根到底都是人的问题，都与生态公民养成与否具有根本性的关联。生态型政府的最终建成与生态环境问题的全面解决都要取决于生态公民的广泛养成与他们的普遍自觉。因而，从较为宏观的层面上把握生态型政府构建与生态公民养成之间的互动方式及其机理，就是对当代生态环境治理实践发展的理论回应。

二、政府促进生态公民养成的主要方式

就生态环境治理而言，公众要求政府提供的，恰恰是只有政府才能提供的环境公共物品。这些公共物品不是良好的环境本身，而是保护环境的措施、政策和制度，以及由此建立起来的环境新秩序。但是，这里所谓的"措施、政策和制度"以及"新秩序"是建立在能够调动社会公众参与生态环境保护的自觉性、积极性与创造性的基础上的。也就是说，只有促进越来越多生态公民的养成与参与，才能最终发挥其对生态环境进行良好治理的功效。从这一角度来说，四川民族地区生态型政府运用相对不同的生态管理方式，在不同的程度上促进四川民族地区生态公民养成，其本身就是四川民族地区生态型政府职能的内在要求。

（一）以生态教育感化方式奠定四川民族地区生态公民养成的基础

生态教育的理念就是培养与造就掌握生态科学知识、树立生态道德观和具有生态审美能力并实施生态环境保护行为的人，这也就是作为生态公民的基本要求。其中，生态科学知识（包括生态自然科学与生态社会科学知识）教育主要是培养公民的生态理性，生态道德观教育主要是养成公民的生态责任，生态审美能力教育主要是养成公民的生态情感，在这三者统一的基础上养成公民的生态保护行为习惯。可见，生态教育的本质就是公民的生态意识、生态素质和人格养成的教育，也就是生态公民的养成教育，它奠定了生态公民养成的基础。如果说，生态环境问题最终是人的问题，生态环境保护最终也是要靠人来保护，而人的生态环境保护行为又是取决于人的生态意识与生态素质，那么，生态教育就是塑造人的生态意识与素质的根本手段，即生态公民养成应该以生态教育为本，生态环境保护也应该以生态教育为本，而对公民的生态教育理应是生态型政府为社会提供的最重要公共物品之一。当然，四川民族地区政府可以运用法律工具来规范公民的生态环境行为，也可以利用科学技术手段来解决生态环境问题，但这只能在一定程度和一定范围内起到一定的作用，因而在一定意义

上还是治标不治本的方式。况且，法律规范与科技知识本身也需要通过教育方式才能为更多的公民所理解与运用，也才能在更大的范围内发挥作用。所以，只有通过教育感化的方式促进越来越多的生态公民养成，使他们具有自觉的生态环境意识和有效的生态环境行为，这样才能从根本上解决四川民族地区生态环境问题。

（二）以生态市场激励方式强化四川民族地区生态公民养成的动力机制

生态市场是以实现人与自然的和谐共处为基本目标，赋予生态环境产品以商品属性，以生态环境产品作为交易对象实现供求交换关系的一种方法或机制。生态市场的本质也是实现生态产权交换关系的制度安排。但由于生态环境中的几乎是公共物品，因而生态市场只能是一个典型的包括公共产权和私有产权交易在内的广义市场或混合市场。政府利用生态市场既意味着政府可以通过一定生态产权制度安排来激励私人市场提供生态环境物品，也可以由政府作为交易主体的一方，通过一定的经济手段激励各类经济主体生产生态环境物品。

生态市场的目标就是追求经济效益与生态效益的统一，以私人经济利益的满足激励公共生态利益的实现。在市场经济条件下，生态市场方式必然会在很大程度上强化作为经济主体的公民的生态化意愿。社会道德责任的感召、法律法规义务的强制以及个人的生态需求等都可以成为促进生态公民养成的动因。生态公民既是"理性生态人"，同时，在市场经济中，又都是"理性经济人"，由于市场机制的内在逻辑是利益驱动，污染环境正是源于利益驱动，治理它要动员社会力量进行监督，这同样需要借助于利益驱动。因此，在社会制衡型环境政策中，利益激励必须置于重要地位。当然，在个人的经济利益与公共的生态利益发生冲突时，四川民族地区政府可以通过教育等手段促使公民以公共生态利益优先为价值取向，但是，如果政府能建立与运用将二者有机统一起来的生态市场机制，使从事生态环境保护和提供生态环境产品的公民能够获得经济利益，那么，生态市场的经济利益导向就能够强化生态公民养成的动力机制。

（三）以生态法制规范方式提供四川民族地区生态公民养成的法律保障

生态法制就是通过规定人们在生态环境方面的权利与义务，确认与维护有利于生态环境保护目标的各种利益关系与社会秩序。生态环境义务规定的主要目的是遏制公民的非生态化甚至反生态化行为，而生态环境权利规定主要是为促进公民生态化，即生态公民养成提供法律保障。目前，生态环境权已经在国际法和许多国家的法律中得以确认，有的国家明确将环境权作为公民的一项基本权利。公民生态环境权的完整内容不仅应当包括生命权、健康权、财产权、通风权、安宁权、日照权、清洁空气权、清洁水权、观赏权等实体性权利，还应当包括生态环境知情权、监督权、诉讼权、议政权等程序性权利；不仅应当包括以确立环境污染损害赔偿制度为核心的私权，还应当包括确立公民参与环境管理权为核心的公权。四川民族地区政府通过生态法制规范方式对公民生态环境权利与义务进行规定，既是生态公民本质的内在要求，也是生态公民养成的必要条件和基本路径。通过有利于生态环境保护的立法，既可以建立健全保护公民生态环境利益和公民参与生态环境管理的机制，如公民表达机制、诉讼机制、监督机制和反馈机制等，并使之制度化、正规化、秩序化和经常化，又可以推动生态公民的养成，使其广泛参与生态保护活动中，有利于四川民族地区生态非政府组织的建设和发展，从而进一步为生态公民养成提供更多更好的组织平台。

（四）以生态行政指令方式创造四川民族地区生态公民养成的政策环境

生态行政就是指有关政府行政机构以命令、指示、规定等形式作用于生态环境管理对象的一种方式。其职能的主要内容包括制定与实施生态环境标准、颁布与推行生态环境政策。四川民族地区生态行政主管部门可以根据一定时期内生态环境保护目标，制定生态环境保护工作的基本方针、指导原则和具体措施等政策，并予以推行。生态环境保护的具体政策也可分为经济政策、产业政策、技术政策、教育政策和消费政策等，其中生态教育政策与生态消费政策等可直接引导与促进生态公民的养成。合理、节制地使用生态环境资源就必须要考虑具体的实际情况，存在着的不确定性，使得立法机关难以就相应的环境问题进行立法，但对该问题又不得不有所决策，这必须由行政机关来完成，因此这决定了四川民族地区政府在环境保护领域享有广泛的权力。政府对环境问题进行决策，并采取其认为适当的措施，在实践中不断总结经验，待时机成熟后再进行立法。显然，与生态法制相比，生态环境保护的政策具有自身的优势，它表现为不仅可以根据不同时期、不同区域生态环境资源本身的保护和利用实际情况来制定具体灵活的政策，而且也可以根据不同背景下的公民及其生存与发展的实际情况来制定灵活高效的政策。由于在不同的自然生态区域和社会发展条件下，公民的教育状况、经济实力与生活方式都有所不同，所以，公民生态化即生态公民养成的内容与方式也应该有所不同。那么，对于营造利于生态公民养成的社会环境来说，生态行政决策方式比生态法制方式更加有效。

三、生态公民促进生态型政府构建的主要方式

在生态环境治理中，由于生态环境属于公共物品和掌握公共权力的政府具有多种优势，公民参与并不能否定和离开政府的主导作用，同时没有公民参与的政府又难以避免产生失灵或低效的问题，并且公民也只有积极参与生态环境治理，才能从根本上维护与实现切身利益。基于此，一方面，有效与高效的公民参与必须依赖作为参与主体的生态公民的养成与发展；另一方面，生态公民必须同政府建立合作、协商与伙伴的关系，以相对不同的协作方式，在不同的层面上促进四川民族地区生态型政府的构建，只有这样才能更好地提高生态环境治理效益，从而也才能更大限度地维护广大公民自身的利益。

（一）以生态保护实践方式适应四川民族地区生态型政府构建的职能转变

四川民族地区公民参与生态环境保护实践活动不仅包括参与政府环境决策、监督政府环境管理的生态政治行为，而且包括与生态环境保护相统一的生态经济活动和生态文化活动，还应包括公民单纯参与的生态环境保护实践的生态环境行为。公民及公民组织参与生态环境保护实践能够起到监督政府、集中民智、完善政策、自我教育、化解矛盾、体现其主人翁地位和调动其积极性等多方面的作用，能够实现推进生态民主和提高生态效率的理想目标，也是解决生态环境问题的根本之道。四川民族地区生态公民的养成及其对生态责任的承担，必然促进四川民族地区生态型政府构建的职能转变。在传统的"无限政府"或"全能政府"管理模式下，生态型政府构建的职能转变意味着，一方面，政府还是应该将生态管理作为其基本权限或基本职能，这也是区别非生态型政府与生态型政府的重要标志，政府生态管理职能既是保证生态管理整体有序性与合理性的必要条件，也是促进生态公民养成的重要条件。另一方面，政府不应该独自包揽所有的生态环境治理事务，因为在这个领域也存在着许多政府管不了也管不好的事，即存在着"政府失灵"的问题。一般而言，政府的优势是在建立和提供生态环境公共政策以实现"秩序"和"公正"的宏观管理方面，而公民

及公民组织的优势则是在解决具体生态环境事务与冲突的微观管理方面。生态公民的养成及其参与生态环境保护实践的优势显然契合四川民族地区生态型政府职能转变的需要。

（二）以生态经济活动方式配合四川民族地区生态型政府构建的经济战略

生态经济是一种依照自然生态系统的运行和遵循自然生态规律的经济发展模式。它强调经济活动对自然资源利用的"减量化、再利用、再循环"的原则，要求从投资、生产到消费各个经济活动领域形成一个"资源—产品—再生资源"的反馈式循环过程。其本质就是要在自然生态系统可承受的限度内发展经济，在保证自然再生产的前提下扩大经济再生产，最终实现生态保护与经济发展的双赢，实现生态效益、社会效益与经济效益的统一。而生态公民在经济活动中就是一种"生态经济人"，就是各种生态经济活动的主体。他们可以通过自身带动越来越多的公民加入到发展四川民族地区生态经济的活动中来，积极倡导资源节约型和环境友好型的生产方式、消费方式与生活方式，以配合与支持生态型政府构建的经济发展战略目标。

在四川民族地区生态型政府的构建中，政府应当能从战略高度上重视生态经济的发展，将生态经济发展目标纳入国民经济发展的总目标。但是，追求经济快速发展，实现充分就业，可能在短期内与生态保护有一定矛盾，这就要求政府必须具有生态保护的强烈意识。在经济发展的过程中，必须贯穿生态保护思想，将经济目标与生态目标放在对等的位置上，兼顾生态效益与经济效益。生态经济发展战略要根据各地的生态资源优势，确立主要生态产业，大力发展生态环境治理与保护产业、生态高新技术产业、旅游业等生态产业，使之成为当地经济发展的支柱。

为了这一战略目标的实现，四川民族地区政府首先要建立健全有效促进生态经济发展的各种制度，并能对具有社会意义的重大生态工程项目进行必要的直接投资。而生态公民可以作为各类生态经济活动的主体，如作为生态投资者，将资金投向具有生态环境价值、能够增进生态环境利益且又有正常投资回报的项目；作为生态消费者，坚持购买与消费有利于生态环境保护的产品与服务；作为生态员工，在企业中宣传生态环境意识并采取相应的生态环境保护行为等，从而使他们成为四川民族地区生态产业发展的生力军与四川民族地区政府生态经济发展战略目标的响应者。

（三）以生态文化传播方式服务四川民族地区生态型政府构建的文化目标

如果从狭义上规定"文化"的内涵，它指人们追求人与自然和谐共处的认识、情感、价值、目标、品质等各种精神因素的总和，其主要内容包括生态科学知识、生态道德观念、生态法律规范、生态文学艺术等。这种生态文化是人们从事各种生态环境保护实践活动的精神基础与动力源泉。一般说来，政府主要是通过教育来宣传和传播这些生态文化，但公民既可以是政府生态教育的受教育者、受宣传者和受传播者，也可以是生态教育者、宣传者和传播者。

四川民族地区生态公民及公民组织通过开设生态文化讲座、举办生态保护学术论坛等方式积极宣传与传播生态文化，从而有力地服务于四川民族地区生态型政府构建的文化目标。四川民族地区生态型政府构建的文化目标应当既包括政府自身的生态文化建设，也包括政府在社会中的生态文化建设内容。前者是政府文化与生态文化的结合与统一，表现为政府工作人员能形成一套生态文化观念体系和生态环境行为方式；后者是在社会公众与社会组织中形成的公民文化与生态文化、组织文化与生态文化的结合与统一，体现为社会公众对生态文化的理解与把握。四川民族地区生态公民及公民组织以多种方式传播生态文化，既可以对四川民族地区政府也可以对社会其他公民的生态文化观的确立产生积极性影响。

（四）以生态政治参与方式确保四川民族地区生态型政府构建的健康发展

生态政治参与是四川民族地区公民参与生态环境保护实践的一种重要方式，也是生态公民权利的一种重要体现。它是指四川民族地区公民及公民组织通过参加生态管理听证会、提起生态行政诉讼等形式评议政府生态管理绩效、参与政府生态行政决策和监督政府生态管理行为等活动。有效的生态政治参与既取决于政府的自觉，又取决于公民的自觉。政府必须提供有利于公民参与生态政治的经济、政治和文化条件，公民必须树立一定的生态意识和民主意识并具备一定的生态政治参与能力。

四川民族地区生态公民应当适应这种公民自觉的要求，在生态民主政治制度下，在生态政治参与中不断提高参与水平与参与成效，以发挥其在推进四川民族地区政府生态化发展中的作用。在生态环境问题日益严重而生态公民养成尚不普及以及生态公民社会尚不成熟的条件下，政府在生态环境管理中的主导地位与作用就不可动摇。但是，四川民族地区生态型政府构建也存在着一个从非生态型政府到生态型政府渐渐转变的过程。在这一过程中，政府由于自身的多种原因，必然存在着生态环境意识不强、生态管理制度不完善和生态环境行为不当的问题。而解决这些问题仍需要依靠政府加强自我教育与自我规范，更应该依赖公民的生态政治参与行为。因为四川民族地区生态公民的政治参与不仅可以充分调动公民自身参与生态环境保护的积极性和增强对四川民族地区政府生态环境管理的理解度与信任度，而且可以在很大程度上确保四川民族地区政府生态环境管理的科学化、民主化、法治化和公开化，从而确保四川民族地区生态型政府的健康发展。

第五节　四川民族地区生态企业成长

一、生态企业的内涵

所谓生态企业，可规定为将实现人与自然的和谐共处作为其基本目标，并按照生态经济规律运用生态工程手段和各种现代先进技术建立起来的，对自然资源充分合理利用、对生态环境无污染或少污染的现代企业。真正的生态企业能够实现企业文化、制度、技术等各个方面以及生产、服务、管理等各个环节的生态化。生态企业是国家整个生态经济的有机组成或生态工业体系的基本单元和细胞。

（一）四川民族地区生态型政府对生态企业成长的促进作用

一般而言，政府与企业是具有不同目标和职责的两种不同组织。在市场经济条件下，二者既存在着显而易见的利益博弈关系，也存在着一损俱损、一荣俱荣的依存共生关系。就生态环境保护的共同目标与职责而言，四川民族地区生态型政府与生态企业更是存在着相互依存的良性互动关系。一方面，生态型政府是以生态环境保护为天然责任，生态管理为其核心职责或基本职能。而企业往往是生态环境最大的现实破坏者与可能破坏者，有效地促进生态企业的成长本身就是生态型政府的生态管理职能的内在要求，也是生态型政府构建及其建成的重要保证。另一方面，企业是追求经济利益最大化的赢利组织，当其经济利益与生态利益发生矛盾与冲突时，企业往往做出以经济利益优先于生态利益的选择。尤其是在社会生态环境保护意识还不够强烈的背景下，四川民族地区政府对企业的引导和支持、规制与监督往往起着主导性作用。四川民族地区生态型政府对生态企业的成长起着明显的促进作用。

1. 四川民族地区政府要以先进的生态意识教育来引导四川民族地区生态企业的文化建设

随着全球生态环境危机的不断加剧，倡导人与自然和谐共处生态意识已成为时代最为强烈的呼声，生态文化也成为时代最有代表性的先进文化。由于生态环境属于典型的公共物品，生态利益体现着长远的公共利益，而四川民族地区政府又是维护该地区社会公共利益最主要的代表者，同时四川民族地区政府的责任也在于培育一个成熟的社会，所以，四川民族地区政府理应承担四川民族地区企业的生态意识的培养的责任。而现代企业文化与生态文化结合也是时代发展的必然趋势，生态企业文化建设的核心目标之一就是塑造企业生态文化，即以生态文化为企业经营的指导思想，并将其贯穿于企业经营的各个方面，它是以发展企业清洁生产为基础、以开展生态营销为保证、以满足要求为动力，实现企业、生态和社会可持续发展的经营文化。企业生态文化在本质上体现为企业与自然和谐相处和协调发展。它的主要内容是企业所掌握与运用的生态科学知识及弘扬与树立的生态价值理念。

四川民族地区政府对该地区企业生态文化建设的教育引导要表现得更为紧迫与重要。这种教育的内容应包括对企业的生态伦理、生态法制、生态科学、生态经济等多方面内容的引导与教化。教育形式要注重将对企业家或企业领导的教育同企业普通员工的教育相结合；将对生态文化的教育同其他思想文化的教育相结合；将对生态文化的理论教育与生态项目改造或生态公益活动等实践教育相结合；将政府的教育与企业自身的教育相结合；将对企业生态文化的教育与企业之外的社会生态文化教育相结合。伴随着四川民族地区生态企业的成长，四川民族地区政府对企业生态文化的教育引导将是一个长期复杂的过程，企业的生态意识也将经历一个由浅入深、由自发到自觉的发展过程，这一过程需要依赖四川民族地区政府、企业与社会等多方面利益需求的博弈与全社会主体生态意识的觉醒。

2. 四川民族地区政府要以完善的生态管理制度来规范生态企业的环境行为

就生态环境治理而言，公众要求政府提供的恰恰是只有政府才能提供的环境公共物品。这些公共物品不是良好的环境本身，而是保护环境的措施、政策和制度，以及由此建立起来的环境新秩序。

由四川民族地区政府主导建立健全完善的生态管理制度体系，既是对四川民族地区企业生态文化建设的有力支持，也是对四川民族地区企业生态环境行为规范的根本保障，从而也是激励企业生态化和约束企业非生态化的主要路径。在规范生态企业的环境行为中，四川民族地区政府生态管理制度的完善性主要体现为两个方面。一是制度体系的全面系统性，即在这一制度体系中，不仅能够针对不同区域、不同行业以及不同类型企业、企业生产经营的不同环节的制度进行具体的规定，而且能够针对不同方面的制度进行有机的整合，即实现支持援助性制度与规制监管性制度的有机结合，奖励性制度与惩罚性制度的有机结合，强制性制度与诱导性制度的有机结合，政府规范企业环境行为的管理制度与规范政府自身行为的管理制度的有机结合，企业作为管理客体的政府管理制度与企业作为管理主体的企业管理制度的有机结合等。二是制度安排的适度有效性。这一制度安排不仅要在四川民族地区政府的能力承受范围之内，而且要与四川民族地区企业的客观承受能力和主观承受愿望尽可能地保持一致。比如，若制度安排的约束压力过大，导致企业不能正常生存与发展，就可能会弱化企业遵循制度的自觉性。相反，若制度要求的约束力度过小，也会造成所谓"守法成本高、执法成本高，违法成本低"的尴尬局面，就可能出现类似一些企业"宁愿受罚也不愿治污"的问题。应该说，完善的政府生态环境管理制度对生态企业成长的规范作用是多方面的。比如，目前我国政府生态环境管理主要还是通过政府颁布和实施各种法律和规章来强制性规范企业的环境行为，其作用主要在于：

（1）保证达到环境质量基本要求，逐步提高环境质量。

（2）通过对企业施加外部压力来克服其组织惰性，促进创新。

（3）促使企业的创新具有环境导向性。

（4）保证企业环境创新的公平性。虽然政府不知道如何能够真正提高企业效率，但环境法规可以对企业的资源效率等方面提出警示和要求。

3. 四川民族地区政府要以合理的生态管理行为来推进生态企业健康发展

实践已经证明，政府不作为、乱作为和低效作为对企业生态化的影响最具瓦解力和破坏力。所以，从一定意义上说，四川民族地区生态型政府的合理行为是推进四川民族地区生态企业健康成长最具决定性的因素。

而政府针对企业的生态管理行为的合理性主要表现为：一是政府要有所作为，要发挥其对企业生态化发展的主导作用；二是政府要规范行为，即政府行为要依据环境法律法规而不是依靠人治；三是政府要高效行为，即政府要不断提高生态管理职能效率。造成政府生态管理行为缺失与不当、无效或低效的原因是多方面的，它与政府生态意识不强、生态管理制度滞后紧密相关，其中主要包括生态环境法律法规的不完善，生态环境管理机构设置的不健全，民主决策与法治制衡机制的不到位，以 GDP 为核心的政绩考核制度以及地方保护主义与部门利益思想的作祟等。

合理的四川民族地区政府生态管理行为对四川民族地区生态企业健康成长具有重要的意义。第一，执掌公共权力的政府具有行使生态管理职能的多种优势，而追求经济利益最大化的企业往往不能自觉地落实生态环境保护，所以，政府对企业生态化的影响至关重要。第二，政府的不规范行为，如有法不依、执法不严、执法不公等对企业之间竞争的公平性就一定会构成挑战，守法的生态企业由于生态环境成本内化而导致其比违法的非生态企业的生产成本和产品价格要高，从而影响前者的产品竞争力。第三，政府生态管理行为的高效率不仅可以节省政府的行政成本，更重要的是，能够对企业的非生态化行为进行事先干预与及时制止，从源头上确保生态企业的健康成长。

（二）四川民族地区生态企业对四川民族地区生态型政府构建的促进作用

虽然，生态企业的成长不能离开生态型政府的引导与促进，但并不能就此认为企业生态化仅仅是企业被动地、消极地适应政府及社会力量的影响。在全社会生态环境意识不断增强、生态产品市场逐步形成条件下，当四川民族地区企业充分认识到生态环境保护对企业生存发展的重要意义时，企业就会主动地、自愿地履行生态环境保护与管理的职责。日渐普及的自愿协议式生态环境管理方式就是强调由政府与企业自愿参与，在民主、自主、双赢的指导原则下，就环境目标达成一致的一种合作协议，并利用合作协议来促使企业符合环境质量要求。而当企业作为生态环境管理主体时，资源、环境及企业产品的消费甚至政府，都是它的环境管理行为对象。

故此，我们相信，四川民族地区生态企业的健康成长必然对于四川民族地区生态型政府的构建具有能动的反作用。

1. 以积极的生态产品生产来支持生态型政府的生态采购

政府生态采购就是指政府所采购的产品与服务必须符合国家相关的生态环境标准，它不仅要求末端产品符合环保技术标准，而且规定产品研制、开发、生产、销售、运输、使用、循环再利用的全过程均需符合环保要求。政府生态采购作为生态型政府重要的生态管理制度与行为，可以大大促进生态产业与技术的发展、推动生态企业的快速成长。同时，政府生态采购对社会公众生态环境意识的增强与生态消费市场的形成具有较大的示范与引导价值。同时，具有一定超前生态意识的生态企业的成长也会有力地支持政府生态采购以及促进生态型政府的构建。

一是在政府生态采购制度完善与行为规范的建设过程中，也会出现种种"政府失灵"问题。而具有较强生态环境意识的生态企业就可以主动配合与协助政府完善生态采购标准与清单等，并以供给丰富充裕的生态产品与服务来满足其需要。

二是政府生态采购在本质上是一种经济手段，它利用优先购买与价格补贴等方法刺激与引导企业提供生态产品与服务。但是，如果在社会生态消费市场发育不成熟，而企业生产与提供生态产品与服务的成本相对比较高和利润率相对比较低的时期，生态企业能主动自愿地生产与提供生态产品与服务，就是对政府生态采购的有力支持，以及对政府引导社会生态消费市场行动的积极响应。相反，如果这个时期的企业仅仅以自身经济利益最大化为取向，就不仅不会积极地生产与提供生态产品与服务，甚至还会把不符合生态环境标准的产品当作生态产品来兜售。这样的非生态企业行为不仅会打击生态型政府的生态采购，也会对生态企业的成长以及全社会生态消费市场产生极为不利的消极影响。

2. 以自觉的生态管理实施来适应四川民族地区生态型政府职能转变

政府职能转变就是指在一定时期内，为了适应国家和社会发展的需要，政府对自己所承担的职责和功能进行相应的调整或重新定位，而科学、合理的调整与定位就是指政府能够承担应该管、管得了和管得好的事务，放弃不该管、管不了和管不好的事务。在传统"无限政府"或"全能政府"的管理模式下，政府职能转变的实质主要是指政府应当放权或还权于企业、市场以及社会。由于企业的成长、市场的培育与社会的成熟都存在着一个发展的过程，所以，政府职能转变也必然是一个不断趋向科学与合理的过程。在四川民族地区生态型政府的构建中，政府的生态管理职能同样需要这样一个不断转变的过程。

第一，政府应该将生态管理作为其基本权限或基本职能，这是区别非生态型政府与生态型政府的重要标志。但这并不意味着政府应该包揽所有的生态治理事务，因为在这个领域也存在着许多政府管不了也管不好的事，即存在着"政府失灵"的问题。所以，企业、市场及社会能做和做好的，政府也应该放手交出去。众多生态企业的成长并自觉实施生态管理职责正是适应政府生态管理职能转变的内在要求。

第二，政府的生态管理方式应采取包括生态市场手段在内的多种管理方式。政府利用生态市场手段意味着：一是政府提供生态产品并利用生态市场组织生产；二是政府帮助建立生态市场。市场是企业的天然盟友，只要有生态市场的存在与发展，就会有生态企业成长的环境与土壤。事实上，生态企业以自觉实施生态管理职责为己任，政府由直接承担大量的生态管理事务转变为大力推动生态企业的成长，本身就是政府生态管理职能转变的主要表现与重要内容。

3. 以有效的生态政治参与来推进四川民族地区生态型政府的健康发展

生态型政府与生态企业理念本身就意味着政府与企业具有共同的生态责任目标，这是二者实现合作互动的根本基础。但是，在一定的市场经济条件下，生态型政府的构建与生态企业的成长不可能是绝对同步的发展过程，所以，这种生态合作互动也会呈现为既不是政府完全放任于企业，也不是企业完全听命于政府的状态，而是一种既相互依存信赖又相互博弈制约的平等伙伴关系。

一方面，政府必须对企业生态化过程进行有力的引导与监控，因为企业经济利益最大化与生态责任存在着矛盾冲突的一面，很容易导致企业生态责任目标的迷失；另一方面，企业也应当对政府生态化过程进行必要的参与和监督，防止政府自觉或不自觉地偏离生态责任目标。

企业生态管理是一种基于管理理念变革的管理方式，其具体内涵是以人和自然的关系为行为导向，在既有利于人类生存又有利于自然繁荣的前提下，将生态意识应用到管理工作中，按生态规律来进行管理，促进人与自然界的共同进步和可持续发展。当今的企业正处在一个不断变化的环境中：信息时代的机遇和挑战、竞争与合作的全球化趋势、技术创新的日新月异、顾客需求的日益多样化、生态环境的压力、更多的社会责任和环境责任等。企业逐渐认识到，要想在不断变化的环境中生存发展，就必须创新企业的战略思维和管理方法。如何处理好行业、企业、员工、供应商、客户、竞争对手及其他利益相关者的相互关系，如何更加高效并可持续地维持企业的经营活动，以及如何与自然、经济、社会、文化等系统保持和谐，已经成为企业发展和创新战略思维、理论和管理方法的目标。

因此，实际上企业生态管理是企业在管理中提升和拓展了其整体性、系统性，既要求企业在发展中考虑企业内部的整体性和系统性要求，同时要考虑企业与外部环境之间的关系，从生态环境整体的角度来看到企业发展的问题，处理好企业内外部的生态管理问题。

以生态自然观作为生态管理理念构建企业生态管理系统，使企业与企业自身所赖以生存的自然生态环境相协调，从而承担起企业的社会责任。

二、战略生态管理

（一）战略生态管理的内涵与特点

战略生态管理是指把环境保护纳入长远的发展战略和决策中，注意企业和自然环境的协调发展，实施可持续发展战略，维护经济增长所依赖的生态环境的有序性。战略生态管理也是应对日益复杂的企业战略环境、适应网络经济的新型战略管理模式，指导企业选择更科学的战略行为和竞争手段。它具体包括企业自身将采取的战略及对整个战略生态系统识别、规划、实施、评价和自我更新等进化过程的管理。战略生态管理强调在制定和实施企业战略中充分考虑整个生态系统成员的利益，强调以大环境为基础建立战略生态系统，遵循整体优化、协调共生和生态平衡的原则。战略生态系统由企业赖以生存发展的外部环境构成，由企业及其利益相关者等生态要素构成，包括企业与其供应商、消费者和市场中介机构等的垂直关系，以及与竞争对手、政府部门、高校、科研机构和利益相关者等的水平关系。战略生态管理有利于企业适应网络经济发展与竞争，增强企业利用新技术的弹性，建立企业对战略环境的长期适应性和生态进化能力，实现企业和生态系统的可持续发展。

通过对传统战略管理模式的深刻反思，企业逐渐认识到，要想实现可持续发展，其行为必须基于生态系统的承载能力，除了经济盈利的权利外，企业还必须承担起对行业、社会和环境协同发展的责任和义务，使经济、社会的发展与生态环境相和谐，经济效益、社会效益和环境效益相统一。生态产业正是这样一种新型的产业经济模式，它是一类以人类行为为主导，自然生态系统为基础，物质、能量、信息、资金等生态流为命脉，具有高效的经济效益、和谐的生态关系、可持续发展能力的社会—经济—自然的复合生态系统。战略生态管理的实质就是企业要与利益相关者群体和外部环境间建立一种和谐共生的生态关系。战略生态管理的观念不同于传统观念，它遵从生态规律和经济规律，以竞争、共生、自生的生态控制论为指导，认为竞争是为了争夺生态管理，强调发展的力度和速度、资源的高效利用、潜力的充分发挥，倡导优胜劣汰，鼓励开拓进取；共生强调发展的整体性、平稳性与和谐性，注意协调局部利益和整体利益、眼前利益和长远利益、经济建设与环境保护、物质文明和精神文明间的相互关系，倡导和谐共生与协同进化；自生则是企业或整个产业复合生态系统调整自身以适应环境的变化，依靠技术创新、人力资源开发、科学管理等内部优势，利用政策、市场等外部优势，实现自我革新、持续发展。

企业决策者和管理者应当深刻理解生态管理的理念，企业战略的制订和实施必须从复合生态系统可持续发展的角度出发，着眼于企业所处的社会—经济—环境大系统的整体利益和长远利益，要求企业的发展应基于自然和社会的承载力，维护经济增长所依赖的生态环境的可持续性；制定的发展战略要能充分利用系统的内部优势和外部资源，有利于构建合理的系统结构与和谐的生态关系；要统筹系统的多样性和主导性、开放性与自主性，统筹局部利益与整体利益、短期利益与长期利益，统筹系统发展的速度与稳定程度；其最终目标是实现环境合理、经济合算、行为合拍、系统和谐的协调可持续发展。

（二）战略生态管理方法

战略生态管理作为一种全新的战略管理模式，为企业战略的制定和实施提供了更加科学的系统方法。战略生态管理的对象是整个产业生态系统，不仅包括企业自身采取的经营战略，而且还包括对整个产业生态系统的识别、规划、实施、评价和自我更新等过程的管理。

1. 产业生态系统辨识

制定生态管理战略的前提是要辨识产业生态系统的组成和结构，模拟分析系统的过程与功能，找出系统内部及外部的优势和劣势，为科学制定发展战略和管理规划提供依据。辨识的内容分为以下几个部分。

（1）资源优劣势分析。

战略生态管理模式强调系统资源（包括自然资源、技术资源、资金资源、人才资源、市场资源、社会资源等），是企业竞争优势的重要来源，必须整合系统的资源来培养和提升自身的核心能力，发挥自身核心能力的杠杆作用。通过对企业内外部资源和能力的识别和评价，认清企业的优势与劣势，以及企业在产业生态系统中的位置、贡献和收益，使企业在产业生态链中的地位及作用一目了然。这有助于将企业的能力和资源集中于现有的核心能力和核心业务中，最大限度地发挥现有核心优势，同时也可明确培养新的核心能力和提升企业现有核心能力的方向，以增强企业在生态系统中的竞争力。

（2）产业生态系统分析。

产业生态系统分析包括：企业与生态系统内部各生态元，包括消费者、中间商、供应商、竞争对手、其他产业的企业之间的关系，确定各种关系作用对企业核心能力的影响程度；运用生态学分析方法，分析企业在生态系统中的生态管理优势和各种竞争、共生关系，确定企业的竞争优势及劣势；分析生态系统的物质流、能量流、信息流、资金流；运用结构分析法等对产业生态系统的规模、构成要素、质量数量、空间格局、多样性、主导性、稳定性、开放性、生态系统发展阶段及社会效益、经济效益、环境效益等指标进行综合评价，确定该生态系统所处的发展阶段及状况等。

2. 进化策略分析

由于技术发展、市场需求变化和宏观经济政策变更等环境变化，任何产业生态系统的建立都不可能一成不变，必然要面临两个变化结果：一是产业生态系统逐渐不适应市场需求的变化，或因为技术发展使原有产业生态系统落后而被新发展的系统所替代；二是产业生态系统成员，特别是系统中的核心企业进行创新，形成产业生态系统未来发展所需的核心能力和核心产品（服务），完成自身的进化和升级，实现系统的协同进化和可持续发展。

产业生态系统进化策略有以下几种思路：完善产业生态系统的各个子生态系统以巩固现有生态系统；通过建立与子生态系统的紧密联系，利用它们在邻近领域中发现新的机遇，开拓新的领地；通过创新发现新的价值和增长点，努力寻找竞争者尚未占领的生态管理。因此，要保持产业生态系统的旺盛生命力，企业尤其是核心企业就必须在把握自身及生态系统资源和能力的基础上，深刻分析技术发展和市场走势，建立技术预见和产业先见，把握产业生态系统进化与演化的发展方向。

3. 制定产业生态战略规划

战略生态规划是在生态系统进化策略的指导下，在产业生态系统辨识与分析的基础上，对企业的战略目标、战术方法、组织体制、预期结果和风险等进行全方位、全过程的综合规划。战略生态规划应遵循整体优化、协调共生、循环再生、进化自生的生态原则。在制定战略生态系统建设与管理规划前，必须做好企业资源和能力、产业生态系统构成与发展情况及企业进化策略三个方面的重要分析。战略生态规划包括以下内容：

（1）产业生态系统的辨识与进化策略分析；

（2）制定产业生态系统总体战略构想和发展目标；

（3）围绕核心企业、核心资源与核心业务，设计产业生态链、生态网；

（4）制订核心生态系统与整个产业生态系统的建设计划，包括组织体制、技术创新、产品创新、市场营销、人才资源、财务资源等计划。

（5）建立产业生态战略规划的质量保证、效果评估、风险预防与改进体系。

4. 能力建设与管理

产业生态系统建设与管理就是对战略生态规划的具体实施，其目标是企业本身与整个生态系统的核心能力的不断提升，实现共同发展。而企业核心能力从本质上来说是整合产业生态系统内外资源的能力。因此，战略生态管理过程实质就是企业如何建设管理好产业生态网络，实现资源的整合与共享，并通过创新不断提升核心能力，提高企业和产业生态系统的整体效益。战略生态系统是一个学习型组织，整个管理过程的关键是处理好反馈、学习和网络信息管理的关系。在这一过程中，企业战略生态系统要形成有效的网络学习机制，利用现代计算机网络技术，建立战略生态管理信息系统。

5. 战略实施的评价与改进

生态战略的实施效果或战略生态管理的状况可以由产业生态系统的规模、收益，系统的多样性、主导性、协调性、稳定性、开放性，系统发展的速度、潜力和可持续性，以及经济效益、社会效益和环境效益等指标进行衡量。其中，规模是描述产业生态系统状况的重要指标，它可以由产品的生产规模、产品的覆盖范围、生态系统各级成员的数量等指标加以衡量；收益是指产业生态系统各级成员在该生态系统中的收益状况，可由生态系统近几年经济总量、利税额表示；多样性是指系统组成要素和资源的丰富程度；主导性代表了系统核心资源、核心企业优势的发挥程度；协调性是指系统内部之间及系统内外部的耦合程度，以及多样性与主导性的协调程度；稳定性是指战略生态系统的长期获益性、长期成长性以及抗环境干扰能力；发展速度是指生态系统的经济总量增长率、市场占有率、市场覆盖率的扩大速度；发展潜力是指技术创新能力、潜在市场容量、潜在的资源等；社会和环境效益状况是指战略生态系统从社会角度衡量的趋势符合性、间接效益大小，以及对生态环境的影响、资源节约与再生性等。战略生态管理的评价是贯穿整个战略实施过程的，对战略实施效果的评价，可以及时发现问题，并根据实际反馈和环境的变化调整改进战略规划。

总之，战略生态管理给现代企业带来一种全新的战略管理思维。它可以克服传统战略管理理论的缺陷，通过实施战略生态管理，指导企业选择更科学的发展策略和经营方式，增强企业对环境的自生适应能力和生态进化能力，有助于实现企业和整个产业生态系统可持续发展。

三、生产生态管理

（一）生产生态管理的基本概念

生产管理（production management）是计划、组织、协调、控制生产活动的综合管理活动。内容包括生产计划、生产组织以及生产控制。通过合理组织生产过程，有效利用生产资源，经济合理地进行生产活动，以达到预期的生产目标。

生产管理是对企业生产系统的设置和运行的各项管理工作的总称，又称生产控制。其内容包括：①生产组织工作，即选择厂址，布置工厂，组织生产线，实行劳动定额和劳动组织，设置生产管理系统等。②生产计划工作，即编制生产计划、生产技术准备计划和生产作业计划等。③生产控制工作，即控制生产进度、生产库存、生产质量和生产成本等。④保证按期交付正常，即根据生产计划安排，保证客户产品交付正常。生产管理的任务有：对客户产品交付异常情况进行及时有效的处理。通过生产组织工作，按照企业目标的要求，设置技术上可行、经济上合算、物质条件和环境条件允许的生产系统；通过生产计划工作，制定生产系统优化运行的方案；通过生产控制工作，及时有效地调节企业生产过程内外的各种关系，使生产系统的运行符合既定生产计划的要求，实现预期生产的品种、质量、产量、出产期限和生产成本的目标。生产管理的目的在于，做到投入少、产出多，取得最佳经济效益。运用生产管理软件的目的，则是提高企业生产管理的效率，有效管理生产过程的信息，从而提升企业的整体竞争力。生产管理主要包括计划管理、采购管理、制造管理、品质管理、效率管理、设备管理、库存管理、士气管理及精益生产管理等九大模块。

企业产品对环境的影响很大程度上来自产品的生产环节。企业生产生态管理就是指既可满足顾客需要，又可合理使用资源并保护环境的实用生产方法和技术措施，以实现原料和能源消耗最少及废物减量化、资源化和无害化的目标。生产生态管理包括生产环境绿化，最有效利用资源，尽量使用无毒无害的原材料，采用污染尽可能少的高新技术设备，以低耗、低污染的产品引导顾客消费，对残余产品进行分解、拆卸和重新使用，使产品废弃后对生态的影响和破坏程度降至最低。

1989年联合国环保规划署提出了具有生态化生产思想的"清洁生产"，指出在生产过程中企业应采取整体性环保策略，兼顾企业效益、环境效益和社会效益。清洁生产已成为企业实施可持续发展的标志。清洁生产是企业在生产环节实施生态控制的方法，以节能、降耗和减污为目标，采用生态工艺，实施工业生产全过程污染控制，使所产生污染物最小化的一种综合措施。清洁生产包含清洁能源、清洁工艺和清洁产品三个方面。清洁生产要求企业的生产尽可能实现零排放或闭路循环式生产，尽可能减少能源消耗，建立污染和废弃物排放较少的工业系统，加强工艺管理，完善工业路线，强化设备管理，实现技术革新，同时实行环境审计和其他环境管理制度。总体来讲，生产生态管理主要实现高效、低耗、灵活、准时地生产合格产品，为客户提供满意服务。

①高效：迅速满足用户需要，缩短订货、提货周期，为市场营销提供争取客户的有利条件。

②低耗：人力、物力、财力消耗最少，实现低成本。

③灵活：能很快适应市场变化，不断开发新品种。

④准时：在用户需要的时间，按用户需要，提供所需的产品和服务。

⑤高品质和满意服务：是指产品和服务质量达到顾客满意水平。

（二）生产生态管理策略

鉴于社会要求及企业现状，以绿色生产管理理念为引导，以清洁生产审核为支点，推动绿色发展体系建立。所谓清洁生产从狭义上讲是指不包含任何化学添加剂的纯天然食品或天然植物制成品的生产；从广义上说是指生产、使用及处理过程符合环境保护要求，对环境无害或危害极小且有利于资源再生和回收利用的产品生产。采用清洁生产方式大力开发节约能源与资源、无公害、可再生的生态产品；企业尽量采用易于回收的低污染材料；努力减少生产中的各种危险的发生以及废弃物的产生；尽可能减少原材料与能源的消耗，加强对产品的废物处理，减少排污量。企业推行清洁生产必须实行生态质量管理，如重视对本企业环境对策的研究；加强对废旧产品回收处理的循环利用；向员工和公众积极宣传环保理念和知识，参加社区的环境整治等。

推行清洁生产需要企业建立一个预防污染、保护资源所必需的组织机构，要明确职责并进行科学的规划，制定发展战略、政策、法规。它包括产品设计、能源与原材料的更新与替代、开发少废无废清洁工艺、排放污染物处置及物料循环等一系列工作。在吸收了"循环经济理论、精细化管理、流程管理、目标管理"等科学思想的基础上，以系统的绿色生产管理理念为引导，以管理内容、管理流程为基石，以组织体系、考核激励机制为保障，依托审核支点，充分利用制度和技术两杠杆的交互作用最终形成一套系统科学的管理体系。

绿色生产管理的支点是清洁生产审核；绿色生产管理的重要保障是监督和服务；绿色生产管理的两个重要环节是技术创新和管理制度。其中清洁生产审核是该模式的支点和核心，推动绿色生产管理体系不断发展。管理制度和技术创新是该模式的两个关键环节，制度通过审核形成监督，技术通过审核提供服务，管理制度与技术创新二者交互作用越强，效应越强，清洁生产绿色生产管理水平越高。同时，将每一模块分别从管理理念、管理内容、管理流程、组织体系、考核激励五部分内容加以完善和保障，细化该模式每个模块的管理实践，突出全面、全方位、全过程、全员参与，增强了该模式的可操作性、实践性与执行力，最终促使企业在文化层面开始转变，实现清洁生产，促进科学发展，达到经济效益最大化、资源利用合理化、污染排放最小化。

四、人力资源生态管理

(一)人力资源生态管理的概念

现代行为科学认为,人是基于一定社会关系而存在的社会人,社会人是资源生态中的成员。环境的恶化和资源的匮乏推动了全球对环境管理或生态管理的重视,重视生态已然成为一种常态。对于企业而言,人力资源规划、管理和使用是一项系统工程,其有效实施既离不开对企业内部的人才供需状态的研究,也离不开对企业外部的社会人力资源生态的深入分析。人力资源生态包括人力资源市场中人才的质量状况、数量特征、学历层次、性别比例、岗位结构、行业类别、待遇水平以及法规政策等。每一个企业都拥有属于自己的人力资源管理方式,其人力资源管理活动必然有一定的轨迹可循。企业自身所特有的人才结构、知识结构、技能结构等内部生态因子与所依存的人才环境、知识环境、技能环境等外部生态因子共同塑造着企业的人力资源生态管理。

迄今为止,人力资源生态管理的概念并未形成一个统一的认识,学者从不同的角度进行解读,将环境管理和人力资源管理相结合形成人力资源生态管理,但人力资源生态管理是环境管理战略的结果还是实现环境管理目标的一种方式,这一问题在已有的研究中并未给予明确的回答。同时,国内人力资源生态管理观念的二重性也使其研究较为分散。鉴于此,在已有研究的基础上综合国内外研究方向,清晰地界定人力资源生态管理有其必要性。

总体而言,从概念的界定来看,一部分国内学者与国外学者观点相一致,即把企业环境管理与人力资源管理结合形成人力资源生态管理,把环保意识融入人力资源管理中,国内还有部分学者将生态的概念进行扩展,将和谐观融入人力资源生态管理研究中。国内关于人力资源生态管理的研究相对国外的研究而言,成果较少,尤其是深入性的实证研究较少,可提供的资料主要集中在理念的探讨和应用方面。

(二)人力资源生态管理理论

生态人假设是一种全新的管理假设,其实质是组织要按生态文明时代的道德原理和伦理规范来进行管理。生态人假设作为生态文明时代管理哲学与管理实践的人性基础,在企业形成正确的发展战略,促进企业可持续性成长,维持良性竞争环境,推动经济、社会与自然的和谐发展等方面具有重要的现实意义。可以预见，以"生态人"假设作为管理的人性基础，探讨人类管理活动的生态内涵，把人置于复合生态系统整体之中，运用生态整体性、生态关联性进行管理，必将推动人类管理水平的整体提升。

从法约尔的经济人，到梅奥的社会人、马斯洛的自我实现与需要层次论为基础的自我实现人，莫尔斯和洛西的复杂人，再到戴维斯的组织人，及近年的企业文化和学习型组织提倡的学习型员工，管理科学对人性假设的发展过程也是人们不断认识社会经济发展规律的过程。今天人类的生态困境强烈地呼唤着生态文明，生态人便顺应历史潮流而产生，人力资源生态管理正是基于生态人假设产生的。生态人具有以下特性：①人类是自然界生物中的一员，必须服从人不可抗拒自然的法则；②人不是生物圈的主宰，不能用科学技术来征服自然而要用其使人类与自然协调发展；③人类行为标准就是视其是否有利于自然的完整、稳定、和谐，随着自然环境有序进化，作为活动主体的人的生态意识也应不断提高。人力资源生态管理是指以人为本的，同时强调人类活动及其解决所面临的一切问题，都必须在整体层次上进行，必须服从生态系统的有机整体性的规律。同样，企业员工的创造性和能动性只有符合自然规律才是有意义和持久的。"生态人"假设是从生态系统整体来审视人与自然的关系，包括人类的实践活动与自然的关系。从生态系统的整体来看，人类社会只是地球的一部分，人类不能脱离这个系统而孤立存在。企业管理者必须从企业整体和社会大环境的角度来合理地管理审视企业员工及其行为。

总体看来，国内关于人力资源生态管理的研究主要集中在内涵、理念、应用及评述方面。人力资源生态管理的实践障碍主要有：多因素交织影响组织行为，企业制度不健全及文化建设滞后，消费者生态偏好不足，员工认知偏差及惩罚转嫁，员工与组织关系的弱化等。因此，结合国内外的研究成果，未来可从人力资源生态管理的概念和定位、人力资源生态管理本土化的实证研究、生态和谐观的研究等方面丰富人力资源生态管理的研究成果。

（三）人力资源生态管理的形成条件与影响因子

从动力机制角度看企业生态管理演化是其内部结构要素之间及与外部环境系统催化互动的过程。要使企业生态管理的内部结构要素实现有机协调并能够在发展演化中处理好与外部环境的关系，其关键不在于特定模式、方法和手段的选择，而在于这些模式、方法和手段能否匹配具有胜任力的人才并加以实施、调整。在人力资源配置之前各种模式手段之间的关系几乎处于零散、失衡状态。人力资源的规划管理可以逐渐消除这种非平衡状态，实现企业生态管理各维度各层面及与外部环境之间关系联结的相对平衡，正常有序地促进人力资源生态管理的调整优化，加速企业生态管理的优化升级。

外部环境是企业建立健全人力资源生态管理的重要基础和必要条件。在市场机制不完善的社会经济环境里，人力资源生态管理的发育成长主要依赖于企业已有的人力资源结构的有机整合，但随着经济发展的日益加快、各行业部门联系的不断紧密，人力资源生态管理越来越考虑外部人力资源环境的影响而不单纯取决于企业内部人力资源结构的优化调整。在外部人力资源相对丰富的情况下，企业之间的人力资源生态管理关系可以保证正常有序的物能交换，降低相互间的功能妨害，为双方创造良好的补充关系与支持关系。影响人力资源生态管理的内部生态因子主要涉及人才结构、知识背景、技能整体水平、创新能力、协作能力等方面，外部生态因子则主要包括人才资源的质量和数量、劳动者就业偏好、社会劳动保障体系、待遇水平等。就企业生态管理的演化机制来看，人力资源生态管理的内部生态因子与外部生态因子关系的协同性既不是即时的也不是外力施加的，而是企业人力资源的结构体系、管理机制与外部环境长期互动的结果。

（四）人力资源生态管理的基本原理

人力资源生态管理的发展实质上就是对外部环境中生态因子的积累、利用和占有的过程。根据自然界物种间生态位重叠所引发的竞争排斥关系类型，可以将人力资源生态位竞争分为内包含、相交、邻接和分离四种基本类型。内包含关系是指一个企业的人力资源生态管理被完全包含在另一个企业的人力资源生态管理之内，其竞争结果将取决于两个企业的人力资源生态管理的竞争能力。相交关系是指两个企业的人力资源生态管理只发生部分重叠，一部分空间被两个企业的人力资源生态管理共同占有，其余部分则分别被各自占有。邻接关系是指两个企业的人力资源生态管理彼此相邻，虽然此种关系状态下的两个人力资源生态管理并不发生直接竞争，但较之大范围的空间重叠，其意味着更激烈的潜在竞争。分离关系主要指两个企业的人力资源生态管理处于完全分离状态，双方各自占有全部的生态管理空间互不伤害和平共处。这四种关系之间随着竞争双方实力的此消彼长不断发生着转化。

1. 人力资源生态管理维度

资源理论认为资源是人力资源生态管理生存发展的基础，资源对于提升人力资源生态管理竞争优势、促进人力资源生态管理创新发展具有重要作用。人力资源生态管理对每一种资源都有特定的选择范围且资源又是多维生态因子的集合，因此人力资源生态管理又可称为多维超体积生态管理。参照中小企业集群发展分析维度，人力资源生态管理的维度可以概括为能力维度、环境维度、空间维度和方向维度四个方面。能力维度指企业以人力资源规划能力、管理能力和创新能力为构架，通过优化内部人力资源结构、整合人力资源管理层次而形成的生存力、发展力和竞争力。环境维度包括企业人力资源的内部环境和外部环境。内部环境指企业内部人力资源结构关系；外部环境指人力资源生态管理生存发展的外部空间。空间维度是指企业的人力资源基础及所处的特定位置状况主要涉及企业人力资源的数量、质量、规模、影响力、效益等方面。方向维度指企业人力资源未来发展方向和趋势，主要涉及某个企业的人力资源的发展历史、发展速度、发展阶段、发展趋势、发展规划等。空间维度和能力维度从内部资源和外部影响的视角来研究企业人力资源；而环境维度是企业人力资源的内部结构与外部环境相互作用、协调均衡状态下表现出的特定属性；方向维度则是从动态变化的角度描述企业人力资源的演化特征。

2. 在人力资源生态学上的生态管理宽度

生态管理宽度是指物种所利用的各种环境资源的总和。生态管理宽度原理揭示了如果一个物种在环境中实际利用的资源只占整个资源谱的一部分，则这个物种的生态位较窄。一般而言物种的生态管理宽度会随着环境中可利用资源量的改变而发生变化。据此人力资源生态管理宽度就可以理解为企业对所处环境中各种人力资源利用的总和。人力资源生态管理宽度值越大，表明该企业对外部人力资源环境的可利用程度越高，对人力资源环境的适合度就越高，在竞争中获胜的概率也就越大。对人力资源生态管理宽度的测定既可以掌握企业对外部人力资源环境的适应程度，也可以了解各企业在人力资源环境中的优势地位及彼此间关系。人力资源竞争环境中市场规模、人才数量、人才质量、人才潜能评价、绩效管理、薪酬水平、福利待遇等是测定人力资源生态管理宽度的主要指标。竞争能力较强的人力资源生态管理对生态因子和发展空间的需求也比较特殊。企业的主体行为和目标往往能引起人力资源环境空间分离，使每一个企业限定在某一特定的环境领域且利用好这一特定领域的人力资源因子。在空间分离情况下相互竞争的两个企业的人力资源生态管理之间一方会因另一方的缺失而扩大自己的活动范围。

3. 人力资源生态管理变动

根据人力资源生态管理宽度的变动情况可以将其分为人力资源生态管理的压缩、伸展和移动。人力资源生态管理压缩是指原本人力资源生态管理宽度较大的企业当遇到其他竞争企业的入侵就会限制生存空间从而压缩人力资源生态管理宽度，将自己固定在最适合的空间范围内。然而人力资源生态管理压缩并不会改变企业利用人力资源的性质、种类和结构。由于人力资源生态管理竞争本身具有一定的负向影响效应，所以人力资源生态管理竞争具有缩小人力资源生态管理宽度的倾向力。这种倾向力会随着人力资源生态管理竞争程度的不断减弱而式微，随着企业之间人力资源合作关系的逐步升温而消失。此时企业就可以利用和占有以前不能被它利用的人力资源因子和环境空间，人力资源生态管理也由被迫压缩向主动伸展转变，空间得到扩大。与自然界生物物种类似，企业的人力资源也存在生态管理移动的现象。人力资源竞争者施加竞争压力是导致人力资源生态管理移动的根源所在。另外人力资源环境的复杂多元、竞争问题的日趋增多及内部结构的演化发展是致使人力资源生态管理一直处于不断变化的状态之中的原因。

4. 人力资源生态管理错位

在自然界，生活在同一群落中的各种生物物种的生态管理都具有明显的差异，即每一个物种的生态管理都同其他物种的生态管理相错位，这种现象就称为生态管理错位。人力资源生态位也同样存在错位分离现象。现实中企业之间的人力资源生态管理往往会在管理系统、构成机制、运作机理、战略规划、员工素质要求、人员招募与甄选、人力资源再分配、绩效管理、薪酬设计与管理、人力资源培训与开发等维度因重叠而发生竞争排斥现象。为了避免恶性的竞争排斥作用，人力资源环境中的每一个企业都需要基于人力资源生态管理在内部层面将各自的组织结构、运作机制和功能地位进行有机整合；在外部层面积极营造有利于自身发展的生态空间，旨在汲取优质的生态因子、探寻和学习竞争对手的竞争优势，提高企业人力资源的竞争力和发展力。一般而言多数企业会突出人力资源管理理念、强化优势特征，有意识地将自身的人力资源生态管理与其他企业的人力资源生态管理分开，以实现企业间人力资源的均衡配置与合理流动。

（五）人力资源生态管理现实障碍及未来研究方向

1. 多因素交织影响组织行为

已有的研究成果得出，人力资源生态管理的实施从外到内，从前置变量到结果变量受到多重因素的影响。在西方国家，企业实施积极环保措施受到法规条例、管理层想法和利益相关者的影响，三者的相互作用决定其是否采用人力资源生态管理。

2. 企业制度不健全及文化建设滞后

首先，生态行为局限于单一主体自发的生态管理或生态行政层面，企业和政府未形成可行的内外协调的体系。

我国《上市公司环境信息披露指南》《企业环境监督员制度建设指南》（暂行）等法规为企业生态发展提供了方向。企业作为生态发展的关键行动者，在实践中的生态管理更多表现为被动式响应，主动式生态管理缺乏响应机制。企业对经济利益和市场占比的优先选择使生态管理未受到足够重视，管理者对环保行为的不支持或不情愿是组织实施环境管理失败的重要原因。企业对人力资源生态管理缺乏系统规划以及员工认识模糊、规则不明确等，都阻碍人力资源生态管理的有效实施。我国实施生态管理所面临的资源限制、法制不健全、监管支持不足和生态意识的缺乏等困境同样映射在企业人力资源生态管理中。

同时，企业生态知识和能力的缺乏不足以支持企业全面开展人力资源生态管理，成本高和知识技术缺乏是实施人力资源生态管理的主要障碍。企业生态文化建设滞后。人力资源生态管理是落实组织生态管理的关键环节，而组织生态文化的缺失使人力资源生态管理推行阻力重重。生态文化的缺失更源于企业战略层对生态管理的重视不足。组织的环保战略反映组织环保态度，即组织对环境保护的重视程度。战略层和操作层的重视是形成组织整体生态文化的基础，人力资源能力和行为是组织推行生态管理的先决条件。

3. 员工与组织关系的弱化

伴随雇佣关系的市场化，员工和组织的关系日益脆弱，员工的组织承诺度下滑、主动离职率提高，平台经济等新经济形式下的"核心—边缘"雇佣策略成为大多数企业面临的新形势。员工更加关注个人价值且市场化程度更高，而企业间及行业间尚未形成可衔接的员工培养体系。从组织人力资源管理角度来看，员工和组织关系的短期化使企业与员工的和谐关系的投入产出失衡，由此也限制了组织对人力资源生态管理的重视。

（六）人力资源生态管理策略

1. 以人力资源生态管理维度的优化与创新为突破点，不断丰富与满足现代企业人力资源竞争的内容要求

企业人力资源竞争的内容集中表现为人力资源生态管理维度，包括能力维度、环境维度、空间维度和方向维度的竞争这四个方面的有机结合，不断催化着企业人力资源竞争的演变。企业人力资源管理者要全面了解人力资源生态管理维度的各个层面及其相互之间的内在联系。从动态层面看人力资源生态管理维度是一个巨大的物质转换、能量流动和信息传递的能动场，特别是其中的能力维度和方向维度有着较强的影响力和渗透力。现实中人力资源生态管理维度的四个方面常常表现为一种生态关联、生态适应、生态平衡、生态共生的有机整体，不断作用和影响着企业人力资源竞争内容的性质、种类、层次和范围，造成各种程度的不同效应。优化与创新人力资源生态管理维度对于企业的发展至关重要。只有打破传统企业人力资源竞争内容的羁绊，代之以满足企业人力资源竞争的需要，才能提升企业人力资源竞争的针对性、目的性和准确性。不断丰富与满足企业人力资源竞争的现实要求，就是要在人力资源生态管理维度理论的基础上建立以能力维度层、环境维度层、空间维度层和方向维度层为核心的内容体系，充分挖掘企业在人力资源各维度层面的潜能，以增加企业人力资源竞争的整体优势。

2. 以人力资源生态管理宽度的拓展与升级为切入点，不断适应与保证现代企业人力资源竞争的战略要求

人力资源生态管理作为一个主体性、能动性和意识性较强的有机体，要保持竞争优势和发展态势就离不开内部层面的结构优化、功能整合、特色创新和优势打造，也离不开外部层面的资源取向变更、发展空间扩展、物能流转保持等。其本质就是实现人力资源生态管理与外部环境之间关系的生态平衡。在人力资源生态管理维护与外部环境生态平衡的过程中，会面临诸多外部环境因子的干扰。然而人力资源生态管理的自我调节能力是有条件的、有限度的，当外界的干扰超过企业人力资源管理系统本身的承受极限时调节就不起作用，以致企业人力资源管理系统无法通过自我调节

来恢复其相对稳定的状态，使得人力资源生态管理与外部环境系统之间的生态平衡遭到破坏。因此通过保持人力资源管理系统与外部环境的生态平衡来增加企业的人力资源生态管理的竞争优势是日渐激烈的人力资源竞争环境对人力资源生态管理提出的战略要求。事实上企业对人力资源环境中生态因子利用的状态在很大程度上体现着人力资源生态管理宽度。从这个意义上讲现代企业人力资源竞争的战略要求——保持企业人力资源管理系统与外部环境之间的生态平衡就需要不断拓展人力资源生态管理宽度。

3. 以人力资源生态管理动变的适时与合理变化为基本点，不断适应与实现现代企业人力资源竞争的机制要求。

为了保证企业人力资源竞争战略的有效实施，企业需要首先对人力资源内部结构进行有效整合。内部结构层面是现代企业应对人力资源竞争环境复杂变化并做出适应性选择和决策的指挥中心，是现代企业人力资源确定、选择一定行为取向的约束条件。内部结构层面的性质和状态往往影响企业人力资源竞争行为选择的价值取向和最终结果。虽然企业人力资源竞争优势的保持离不开内部结构整合机制的作用发挥，然而企业竞争的焦点主要是外部人力资源环境中处于不断变化的生态因子，企业人力资源竞争动力更多的是建立在各种生态因子支撑的基础之上的，竞争优势的加强也需要综合考虑外部竞争的环境和人力资源生态管理的演化。如果企业仅仅固守于人力资源内部结构整合机制而忽视外部环境协调机制的构建，就可能削弱或者丧失应对环境变化的适应能力。所以企业应根据外部人力资源环境的发展变化从内部结构与外部环境之间物能流转的和谐出发，结合企业不同生命周期的人力资源生态管理的主要任务，有计划地对人力资源生态管理进行调整和优化，以确保企业人力资源生态管理的健康化、持续化、快速化和生态化发展。

五、营销生态管理

(一) 营销生态的内涵

为了适应市场的变化以满足社会的需要和自身发展而进行产品构思、设计、开发和实施的商务活动的全过程，传统的市场营销是将合适的产品、在适当的时间、以正确的方法、卖给需要的人。生态营销则是把企业节约资源的价值观念、生态环保的外观形象、追求可持续发展的服务水准等诸多管理要素纳入整体形象中，把所有的人都作为企业产品的潜在客户。

营销生态管理就是要求企业在产品包装时应尽量降低产品包装物或产品使用剩余物的污染，积极引导消费者在产品消费和废弃物处置等方面尽量减少环境污染，主要表现为生态营销。生态营销主要是指企业对分销和促销环节进行生态管理，包含运输工具的选择、中间商的选择、促销方式的策划与实施等。市场经济飞速发展的前提下，企业的营销对策也必须考虑到可持续性的优势和互利互惠的原则。而生态营销的特点则是突出表现为"竞赢相生"的态势，即让营销所涉及的各个环节都享受利益。

也就是说，生态营销是可持续发展战略指导下市场营销观念的新发展，又是企业应对全球环境恶化发展出来的一种营销重点和技术操作，其焦点是如何使市场能更加顾及环境保护以及实现社会经济发展的可持续性。生态化营销的体系内容主要包括：了解市场需求、开发适销产品、获取资源、生产制造、储运、营销与服务的动态支持与适应系统。

企业进行绿色营销有以下几种途径：①使用生态通道，即选择使用无铅燃料、有污染控制装置和节省燃料的运载工具，尽量简化供应配送体系，减少储运过程中的浪费；②根据产品和企业特点尽量缩短分销渠道的长度，建立企业生态分销系统，加强对销售渠道的控制，减少分销过程中的污染，直接向消费者提供服务；③若选用中间商，则应注意考察其生态形象、环保意识及信誉，销售中有无突出生态形象等；④开展电子商务，利用因特网进行销售，电子商务符合环保原则，发展前景广阔。

（二）企业生态化营销程序

1. 售前营销

企业生态化营销程序的第一步，也是较为重要的一步就是售前营销。售前营销也称为形象营销，其本质就是通过各种有效的管理，形成一种极具凝聚力、积极向上的文化心理和精神氛围，展示自身的个性特色，使营销活动与客户认同的文化相适应、相融合，促进企业与客户间的积极交流，让目标客户接受和熟悉新产品、新事物。其核心虽然有着产品发展和宣传的盈利目的，但是应该更多地强调企业发展的"文化宣传"和"品牌效应"，这才是生态营销的关键。具体来讲，营销设计过程中应该在售前营销的环节将企业文化介绍给消费者，让企业文化成为社会文化的一个有机组成部分，引起消费者的认同或满意。文化营销是企业哲学、经营理念和共同价值观在市场中的充分表达。文化营销把文化的包容性与感染力贯穿在经营行为中，是对传统营销的有效转变，而且将企业文化向市场延展形成文化营销，对于生态营销程序而言就是实现了可持续发展的基本目标。同时，品牌形象的塑造对于实现营销目标具有重要的战略意义。在进行售前营销的过程中营销部门不能单独地强调产品的魅力，而是应该将消费者的注意力引到品牌关注上来，即使消费者的注意力成为品牌竞争时代稀缺的战略资源。故此，"受众的注意力"的转化是生态化营销传播的要求，也是扩大品牌影响力的要求。总之，售前营销要重视对品牌和企业文化的双向宣传。

2. 销售中营销

销售中营销必须要强调售中服务，是指在产品销售过程中为顾客提供的服务。在销售中的服务应把握一定的技巧，有利于提升客户的满意度和企业的服务水平。一是要注重感情联络。销售过程中的这种情感交流其实就属于商机的跟踪。商机跟踪要在系统中自定义商机阶段、状态、审批节点，在商机跟踪过程中，可以判断并记录阶段和状态的变化情况，跟踪和活动的结果及发生的费用；可以在商机跟踪的过程中，制作报价，并预先定义报价的审批流程以控制报价的提交，同时也可以做好信息的收集，通过为客户提供服务，发掘有价值的客户，了解客户的心态和需求，为挖掘潜在客户和留住老客户做资料上的准备。二是要重视对企业文化的理解和展现。营销人员和部门必须时时将企业的文化理念彰显出来，在服务过程中态度亲切和蔼，能够展现出企业"诚实守信、诚恳大度"的一面，而不是一味地"自我吹捧"，更不能不接受好的建议，要彰显企业的服务能力。

3. 售后营销

售后营销是生态营销的关键，在传统经济发展的过程中就已经比较重视售后营销了。因为好的售后服务业是一种营销，在追踪跟进阶段，通过售后服务来提高企业的信誉水平，提高产品的市场占有率和营销工作的效率及效益。售后服务流程是一个涉及多部门、多人员的流程，除了专门的顾客服务部门之外，还涉及产品设计部门、生产制造部门、审计部门、财务部门等多个部门，需要工程设计人员、服务接待人员、组织人员等的配合。因此，售后服务先要具备专人从事售后服务。完善售后服务点，这样才能有的放矢，使顾客满意。随着市场经济的发展，各个行业各个商家都会提高自己的售后服务水平，这也是生态营销发展的关键。而对于更为生态化的发展模式则要将物质化的售后营销延伸到情感上来，在售后通过短信和网络等方式进行天气预报的提醒，生日的温馨祝福等，这都是营销的有效手段。总之，售后营销强调的就是获取反馈信息，建立良好关系。反馈是确保服务行为符合规范，服务质量符合标准的有效措施。做好反馈管理，要建立客户服务常态运行机制，通过制度、流程来规范管理，将企业的内部管理活动和服务流程置于全社会的监督之下，做到透明服务、开放服务，主动接受社会监督。建立良好关系则是及时了解营销人员的服务情况，及时征求客户的意见，使得营销服务业务不断完善、健全和发展。

（三）企业生态营销策略

1. 构建生态营销指标体系

建立完整、合理的生态营销指标体系，对企业生态营销过程和结果给予相应的评价，为企业进行改进和创新提供参考，无疑是企业实现规范管理的有效手段。而生态营销绩效评估，会将企业一段时间内从事生态营销的状况呈现出来。首先，目标层为生态营销指标体系；其次，准则层为企业、生态环境和社会环境三个子系统，以及每一准则层下设置分准则层；最后指标层反映分准则层的具体内容。不同层次上采用不同的指标，这些不同的指标共同为优化企业生态营销服务。企业是生态营销活动的主体。企业获利能力和产品销售力这两个指标显示出在企业中开展生态营销之后，企业销售其产品而得到的成果；企业品牌力显示出企业在行业中树立的生态形象；企业思想力显示出企业在生态营销活动进行中，员工的环保意识增强、企业内部工作环境改善等方面成就；企业竞争力则显示出与其他竞争者相比，进行生态营销的企业所具有的优势。企业子系统反映了企业的整体，企业各方面的有序活动为开展生态营销提供了保障，因此企业子系统为生态营销指标体系构建奠定了基础。生态环境子系统是生态营销指标体系构建的核心。企业在进行生产管理的过程中，要注重对生态环境的保护，如合理利用资源、减少浪费、减少环境污染、废弃物回收循环利用等，这样才有利于生态营销的开展。

2. 树立生态营销观念

生态企业文化在生态浪潮蓬勃发展之际要实现企业的可持续发展必须增强企业的可持续竞争力，而生态营销通过促使企业进行生态变革，对企业持续竞争力的增强具有较大的提升作用。因此企业必须从根本上树立生态营销观念，充分认识生态营销对企业的重要作用，努力实现经济效益、社会效益和生态效益的和谐发展。生态营销观念的树立要求企业生产经营的产品从生产过程到消费过程、从外包装到废旧品的回收都要符合可持续发展要求，有利于环境保护。树立生态营销观念使企业目标与环境目标相融合，使企业管理理念、营销理念与生态生态理念相融合，从而培育生态企业文化。生态企业文化是生态营销的支撑，生态营销又促进了生态企业文化的发展。企业培育生态企业文化就要进行全员环境教育。经验表明没有全体员工的合作，生态战略的作用就会减弱。只有加强全员环境教育，企业才能在满足消费者生态需求的基础上获得更多的盈利。

3. 提倡生态消费意识

大力进行生态宣传、生态消费是生态营销的前提，企业要利用各种方式传播生态知识，增强公众的生态意识，唤起消费者对环境保护的关注，引导消费者自觉购买生态产品。打造知名品牌对于建立良好的企业形象、树立消费者信心有重要作用。企业需要加大宣传力度、树立名牌产品，引导大众更新消费观念。同时利用大多数消费者的从众心理努力营造生态消费氛围，使越来越多的消费者使用生态产品、支持生态营销，从而培育全社会的生态意识，形成有效的生态需求。

4. 注重生态产品的开发

生产生态产品开发是生态营销的支撑点。企业要从市场需求出发开发生态产品，加强生态产品基础研究和科技攻关，提升生态产品的技术开发能力。生态产品开发包括生态设计、生态包装和生态标志。生态设计是指在生产过程中采用清洁无污染的技术降低资源消耗、减少环境污染。这就要求企业用生态营销观念设计新产品。生态包装是指节约资源和能源，使用易于回收再用或再生、易于自然分解又不污染环境的包装。企业要使用包装要从以促销为目的转变为以健康、环保为目的。生态标志是指依据有关环境标准和规定由国家政府部门或某个权威性的认证机构确认并颁发的一种标志。企业要尽可能使产品符合生态认证要求、获得生态标志，以具备其他产品所不具有的竞争优势。

5. 发挥政府在生态营销中的重要作用

环境和生态问题是一个关系国家、民族利益和宏观经济发展的大问题，政府无疑要发挥重要作用。消费者对生态产品的关注程度会随着经济条件的改善而不断提高，他们是生态营销活动的受益者，因此消费者在这一过程中的作用是主动的。但消费者对生态产品的认知、熟悉直至消费在很大程度上要受到政府的宣传与引导的影响。从经济学角度看企业的目的是追求自身利润的最大化，因此企业会千方百计地降低产品成本。这就要求政府制定并实施环境保护与生态营销的法律法规以制约企业的短期行为。只有政府、企业、消费者三者共同参与才能实现真正的生态营销。随着环境教育的普及，生态观念和生态意识逐步渗透到人类生活的每一个层面，成为影响未来社会发展的重要因素。企业开展生态营销不仅可以承担社会责任、树立良好的企业形象，而且可以获得持续的竞争优势。树立生态营销观念、开发生态产品、开拓生态市场将成为企业营销发展的新趋势。

6. 基于消费者价值的企业生态营销策略

（1）以多种类型的消费者价值为基础，满足消费者的生态需求。

一方面充分了解消费者潜在需求，将多种价值引入生态营销管理中。企业进行生态营销首先要充分和深入了解消费者需求。一般来讲消费者需求具有现实需求和潜在需求之分，即有些需求消费者已经意识到，大多数企业通常为满足相关需求都会向消费者提供的服务和产品；而对于有些需求消费者则尚未意识到或者还无法表达出来，这种消费者内心的潜在需求恰恰应该成为企业走差异化路线和创造竞争优势的重点。将多种类型的消费者价值引入企业生态营销管理中，可以提升各项营销活动的精确性，如帮助企业改进产品设计、进行更精准的市场细分、与目标市场进行更有效的沟通等。生态企业要善于从多个角度进行市场定位，符合把握效率、卓越等理性价值要求，也要创造性地引入情感价值、社会价值和利他性价值，在营销的整个过程中都注重价值的创造与传递。另一方面，基于消费者价值从多种角度满足消费者的营销诉求。从我国生态营销实践来看，目前企业普遍存在着诉求满足方式单一、缺乏整体促销规划的问题，如对于生态产品，仅限于满足消费者的安全和健康诉求等。不同类型的生态企业可以依据相应的内外部环境有针对性地提出鲜明的价值主张，比如大企业可以通过不同的产品组合形成一系列多元化的生态价值主张；小企业由于资源有限，可以根据自身资源和市场定位来进行生态产品的单一或双重价值诉求，从而多角度地满足消费者的生态诉求。

（2）以不同驱动方式进行生态市场细分。

以往生态产品市场中的市场细分主要采用两种思路，一是根据消费者的人口统计特征如收入水平、社会阶层等来细分市场，二是通过消费者的认知心理特征如个性、消费者知识等来进行市场细分。消费者生态产品购买行为的形成既会基于自我驱动，也可能基于他人驱动，因此企业要充分了解消费者意向形成的基础和动因并从这两个角度出发来对生态产品市场进行细分。

（3）针对不同的细分市场开展不同的生态营销。

在根据不同驱动方式对生态产品市场进行细分的基础上，企业可以分别针对两种细分市场来设计相应的营销策略。

第一，以自我导向价值为基础，激发自我驱动而促进生态消费。对于自我驱动的消费者市场，可以将效率、卓越、乐趣和美感几方面的自我导向价值作为基础，促使消费者基于认可、喜欢等内在原因而购买生产产品。一要提升生态产品购买的便利性，提高性价比。目前我国只有一些大型超市和少数专卖店可以买到生态产品且价格昂贵，是抑制消费者购买生态产品的重要因素。要促使有购买意愿的消费者购买生态产品，企业一方面要努力增强消费者对生态产品的价值感知，淡化和抵消消费者由于高价格而产生的感知付出，另一方面要加强销售网点建设，以提高消费者购买的便利水平。二要以卓越的产品质量为基础加强生态品牌建设。企业生态营销首先要严把产品质量关，使企业生态产品在消费者中真正树立起优质卓越的形象。在此基础上生态企业要用心经营品牌，以效率、乐趣和美感等价值为基础来塑造品牌个性和向消费者传递品牌内涵。三要向消费者提供充分的营销信息，努力增加消费者生态知识。生态企业一方面要在经营活动中向消费者提供充分的信息，包括产品原料使用、生产过程、定价基础等；另外由于生态产品市场尚处于初创期，生态企业也要加强非促销性的宣传活动，向消费者普及诸如分辨生态产品、识别环境相关标志等生态消费知识，以促进整个生态市场的培育和发展。总之要通过普及生态消费知识来降低消费者对生态产品的认知风险，让其逐渐认可生态产品的卓越品质和丰富内涵，从而促使生态消费水平的提高。

第二，以他人导向价值为基础，通过他人驱动而促进生态消费。对于他人驱动的消费者细分市场，可以将地位、尊敬、伦理和心灵几方面的他人导向价值作为基础，促使消费者认同其社会价值和利他性价值，从而增加生态产品的消费。一要以生态产品的地位、获得尊敬价值为基础满足消费者的"面子需求"。企业要通过改进生态产品质量和提高服务水平来提升消费者满意度，同时对于消费者不满意和有抱怨的问题要给予真诚和周到的处理，以逐渐树立起生态产品企业的良好形象。

第六章 生态文明建设的实证研究：
以凉山州西昌市为例

地处西南地区的凉山彝族自治州（凉山州），作为长江上游生态屏障建设的重要组成部分，生态区位十分重要。凉山州政府提出，要把推进绿色发展融入转型跨越、全面建成小康社会的全方位和全过程，以生态建设为先导，统筹推进全域生态文明建设。凉山州牢固树立"绿水青山就是金山银山"的理念，深入推进生态文明建设，力争让凉山州的天更蓝、山更绿、水更清，人与自然更和谐。近年来，凉山州全面加强组织领导，深入贯彻落实习近平生态文明思想和"绿水青山就是金山银山"的理念，深入实施生态立州战略，聚力绿化全州。强化各项生态管理措施，大力推进任务实施，全州各项生态绿化工作成效显著。我们选择凉山州西昌市作为样本，展开实证研究，进一步审视民族地区生态管理内涵的完整性和外延的准确性，区分不同地区生态管理构建存在的差异，在此基础上，构建适合四川民族地区在生态文明建设进程中良好的生态管理体系。

一、多彩凉山，绿色崛起谱新篇

"不越海，不知海阔；不攀山，不知山高；万紫千红花不谢，冬暖夏凉四时春"，这就是凉山州。凉山州是我国最大的彝族聚居区，这里湖光山色秀美、民族风情浓郁，是航天科技之城、特色美食之都，历史见证了凉山州漫长而厚重的发展历程，千年岁月的洗礼，赋予了凉山独特的气质。凉山州地处长江上游，金沙江、雅砻江、大渡河三大干流穿越境内1 200余千米，生态区位十分重要，是长江上游生态屏障建设的重要组成部分，是四川省三大重点林区之一。凉山州以"生态立州"为总纲，在"绿水青山就是金山银山"理念引领下，将生态文明建设融入经济社会发展之中，为凉山州发展注入"绿色能量"，着力抓好生态文明建设和环境保护这个生命工程，筑牢长江上游生态屏障。

（一）国家关切之深

凉山是习近平总书记寄予厚望、党中央深切关怀之地。2018 年 2 月习近平总书记亲临凉山视察，从彝家火塘边"我对凉山寄予厚望"，到邛海之畔"整体提升城乡规划建设水平，整体提升居民文明素质"，我们可以感受到总书记人民至上的领袖情怀和感人至深的凉山情结。脱贫攻坚时期，先后有 33 位党和国家领导人亲临凉山视察指导，省委主要领导 16 次深入凉山调研督导，在党中央和省委关怀之下，凉山尽锐出战，脱贫任务圆满完成，兑现了党对人民群众作出的庄严承诺，确保与全国全省同步实现全面小康，向党和人民交上一份合格答卷。

（二）自然环境禀赋之优

凉山的安宁河谷是四川"第二大平原""第二大粮仓"。凉山州依托安宁河谷得天独厚的光热资源，坚持科学、技术、生产"三位一体"深度融合，构建以"中国农业硅谷"为龙头的绿色农业产业体系；依托西昌钒钛产业园区、冕宁稀土科技园区、德昌特色产业园区等重点园区，发展安宁河流域战略资源科技产业集聚带，构建以"国家战略资源"为主体的绿色工业产业体系。以一批千万级巨型水电站为依托，构建以"清洁能源基地"为支撑的绿色能源产业体系。目前乌东德水电站、白鹤滩水电站已建成投产，乌东德水电站是中国第四、世界第七大水电站，白鹤滩水电站是仅次于三峡水电站的中国第二大水电站。

（三）历史文化资源之丰

文运同国运相牵，文脉同国脉相连。习近平总书记到四川视察调研三苏祠时，强调"中华民族有着五千多年的文明史，我们要敬仰中华优秀传统文化，坚定文化自信"。凉山自古就是通往祖国西南边陲的重要通道，是古"南方丝绸之路""茶马古道"文化遗产重要组成部分。盐源县的老龙头遗址是四川青铜文化中除三星堆和金沙之外的第三大考古发现。凉山还有薪火相传的红色文化。1935 年中央红军巧渡金沙江、召开会理会议、礼州会议、举行彝海结盟，在中共党史、军史、革命史上写下了光辉灿烂的一页。凉山是中央红军途经线路最长、少数民族子弟参加红军最多的地区，"长征"一词就是在红军过凉山时提出的。彝文字是世界六大古文字之一，彝族太阳历与玛雅文明被誉为世界远古文明的"东西双璧"，彝族火把节被誉为"东方民族风情第一节"。凉山还是"全国民族团结进步示范州",这些宝贵的财富铸造了其深厚的文化底色。

（四）人居环境之好

在凉山中部的安宁河谷平原，有一高原湖泊——邛海，曾经这里湿地退化、水质污染。经过多年的湿地恢复治理，如今邛海水域面积达34平方千米。邛海湖畔的泸山，曾经被火灾毁坏，通过植树造林，一棵棵树苗正茁壮成长。邛海水生态环境的变迁、泸山林区的变化，是凉山深入推进生态文明建设的一个缩影。变化背后，凉山州梳理出清晰的逻辑：绿水青山就是金山银山。

早在2016年8月15日，凉山州委七届九次全会审议通过《关于推进绿色发展建设美丽凉山的决定》，提出要把推进绿色发展融入转型跨越、脱贫奔康的全方位和全过程，以生态建设为先导，统筹推进全域生态文明建设，大力实施"绿化凉山行动"，优化提升产业结构，注重补齐发展"短板"，加快形成绿色发展方式和生活方式，加快建设天更蓝、地更绿、水更清、环境更优美的美丽凉山。近年来，凉山州通过实施人工营造林、退耕还林、森林抚育、低产林改造、生态脆弱区生态治理等重点生态工程，大力开展"大规模绿化凉山"行动，多种途径补充林地和增加森林资源，为保护长江母亲河、维护国家生态安全作出了积极的贡献。

随着邛海生态环境的改善，邛海景区功能、品牌效应全面提升，逐渐成为国内外游客热捧的旅游目的地，创建成为首批国家级旅游度假区。凉山州抢抓机遇，拟建设西昌市"河湖公园"，其总体架构为一带、三河、七湖、八湿地。以安宁河干流为纵轴，河流两岸宽谷平原为两翼的田原城市景观带；以邛海国家水利风景区（包含三河一湖）梦幻水域为核心，新建东湖、大兴湖、天王湖、樱花湖、月亮湖、望邛湖，打造邛海湿地、东湖湿地、西河活水湿地、月亮湖湿地、复兴湿地、两河口湿地等八个湿地公园，构建大水域，形成大水景，实现"水在城中、城在水中、湖水相依、彩带环绕"的西昌阳光水城梦，建成中国西部旅游、度假、康养、居家首选地。

目前，凉山州全州17个县（市）中，有12个纳入国家重点生态功能区。凉山州找准生态保护扶贫着力点，坚持生态保护与精准扶贫相互结合、相互促进，实现生态建设与带动精准扶贫双赢。

凉山州向国家重点生态功能区重点倾斜，优先安排天然林资源保护、退耕还林、生物多样性保护、生态脆弱地区治理等重大生态工程项目，吸纳当地贫困群众通过参与工程建设获取劳务报酬。同时，争取新增更多岗位，在贫困户中选聘生态管护员，通过生态公益性岗位得到稳定的工资性收入；生态经济是推进生态保护建设与群众持久脱贫兼顾相融的有效载体。凉山将发挥生态资源优势，着力建基地、创品牌、搞加工，大力发展"1+X"林业生态产业和"果薯蔬草药"特色农牧业；鼓励通过土地流转、入股分红、合作经营、劳动就业、自主创业等方式，建立利益联结机制，培育农村新型经营主体，增加贫困户经营性收入。支持发展生态旅游。依法加强自然保护区、森林公园、林场、草原等重要景区（点）公共基础设施的规划建设，提升可进入性和舒适性，发展生态旅游体验、生态科考、生态康养等生态旅游。鼓励创办乡村旅游合作社，壮大村集体经济组织，盘活土地、草场、山林等资源，开展户外休闲、农事体验、乡村观光等乡村旅游，支持打造一批旅游扶贫示范区、示范村、示范户；加大生态移民力度。在生态环境恶劣脆弱、自然灾害频发、不具备基本发展条件的地区，实施易地扶贫搬迁。对居住在生态核心区的居民有计划地实施生态搬迁，开展生态修复。生态文明建设，是一项需要久久为功的系统性工作，既不能一蹴而就，也不能一劳永逸，必须以法治作支撑，持之以恒深入推进。为此，我州始终坚持做绿色发展的"加法"、污染治理"减法"，不断深化生态文明体制改革，生态文明制度体系日臻完善。

（五）牢守底线，汇聚"绿色合力"

绿色发展，带给凉山实实在在的经济社会增长效益。凉山牢牢守住发展和生态两条底线，坚持生态优先、绿色发展，认真践行"绿水青山就是金山银山"的生态理念，让天更蓝、山更绿、水更清，生态底色愈发靓丽，不断展示新时代生态文明建设的新成效、新变化、新亮点。"把推进绿色发展融入转型跨越、脱贫奔康的全方位和全过程，以生态建设为先导，统筹推进全域生态文明建设。"守住金山银山，让青山常驻、绿水长青。靶向这一目标，凉山思路清、举措实，着力构建系统完备、科学规范、运行高效的制度体系，用制度推进建设、规范行为、落实目标，确保生态文明持续健康发展。

重拳出击开展"绿色行动"，在深入推进生态文明建设过程中，凉山始终坚持建章立制问责严惩，构筑最严格生态环境保护制度。一项项雷霆出击的专项行动，持续保持了严厉打击生态环境污染的高压态势。凉山动真格、出实招，不断织密环境监管铁网，对破坏生态环境行为不手软、不姑息、严厉惩治，对不作为、慢作为加强问责追责，毫不留情，筑起了一道生态安全屏障。

在持续推进大气污染防治中，重点推进西昌钢钒焦炉煤气精脱硫改造等33个工程减排和结构项目实施，有力削减二氧化硫、氮氧化物排放总量。实施全州挥发性有机物污染综合防治，督促7家涉挥发性有机物排放的重点企业开展整治工作。开展全州大气污染源排放清单第一轮更新工作，全面摸清大气污染源排放情况。开展大气污染防治专项整治和综合督查，严厉打击偷排漏排超排等环境违法行为。

在不断强化水污染防治中，深入实施水污染防治行动计划，全州684个地下油罐改造任务已完成503个，西昌、德昌、会理、会东、宁南、冕宁6县市已建成7个城市生活污水处理厂，10个彝区县和木里县正加紧实施。同时，提前完成国家督察组交办的20个集中式饮用水水源地问题整改工作，累计投入资金3 580.6万元。

在稳步推进土壤污染防治中，积极推动我州受污染农用地、污染地块、历史遗留尾矿库等治理项目实施，有序推进土壤环境风险管控试点区建设。启动重点行业企业用地土壤污染状况详查，目前已全面完成346个企业用地基础信息建档工作。开展土壤风险源排查工作，共确定39个省控、65个州控土壤污染重点监控企业。

问题整改掀起"绿色风暴"。始终把抓好中央、省环保督察及"回头看"反馈问题整改作为重大政治任务，坚持底线思维，坚持问题导向，动真碰硬、一抓到底，全力以赴推动环保督察反馈问题整改落实。以环保督察为契机，切实解决了一大批群众反映强烈的空气、水、垃圾、油烟、恶臭、噪声等突出环境问题，一些历史遗留及重点、难点问题也在边督边改中被逐项攻坚、突破，群众的获得感和满意度不断提升。同时，环保长效机制逐步完善。中央环保督察的持续发力，促进了各级党委政府及部门环保责任的落实，强化了法律、政策和措施硬约束，为生态环境治理提供了强有力的机制保障。更具有深远意义的是，随着各类环保问题整治工作的坚定推进，生态环保理念大幅提升。生态环境保护"党政同责""一岗双责"得到有效落实，党委领导、政府主导、部门联动、企业主责、社会参与的生态环境体系初步构建，为打好污染防治攻坚战奠定了坚实基础。

机构改革助推"绿色发展"。2019年，中华人民共和国成立70周年，也是决胜全面建成小康社会的关键一年。在这令人振奋的时代背景下，党和国家机构深化改革，组建了生态环境机构，展示了新形象和新作为，向着打好污染防治攻坚战目标大步挺进。

如今的凉山，生态建设重点工作打开了新局面，朝着全州生态环境质量持续改善，主要污染物排放总量持续减少，环境风险得到有效管控，生态环境治理能力有效提升，全面完成省、州年度考核各项指标的既定目标。行走在凉山大地，城乡风光令人目不暇接，一幅秀美的生态文明长卷徐徐展开。抬头望去，是明媚的"天空蓝"，放眼四顾，是宜人的"生态绿"。绿色，正成为凉山最亮丽的发展底色。

第一，打造川西南地区绿色发展新高地。凉山得天独厚的自然生态禀赋、优质的能源矿产资源、优越的农业生物资源、厚重的历史民族文化、珍贵的阳光康养环境，是我们不可多得的高质量发展"黄金组合"，我们必须把推动高质量发展作为第一要务，全面打造国家战略资源创新开发基地、全国重要的清洁能源基地、现代农业示范基地、国际阳光康养旅游目的地，推动安宁河谷综合开发取得重大进展，绿色特色产业体系基本建立。主要经济指标增速高于全省平均水平，地区生产总值突破3 000亿元。

第二，打造绿色低碳生态文明新典范。凉山"山水林田湖草沙冰"类型齐全，隽奇秀美，生物多样性特征突出，风光水绿色能源开发潜力巨大，城乡建设后发优势明显，是我们一方水土孕育的"美丽画卷"，需要我们用脚去丈量，用心去感悟，用肩去担当。我们必须以促进可持续发展为核心深入践行"两山"理论，悉心保护修复自然生态，精心规划建设城镇乡村，搭稳生态文明"四梁八柱"，绘就产业空间集约高效、生活空间宜居适度、生态空间山清水秀的美丽凉山新蓝图。力争森林覆盖率达到55%以上，长江上游重要生态安全屏障进一步筑牢。

第三，发挥资源优势，做优特色绿色低碳现代产业体系。凉山应牢记习近平总书记"发展当地适宜的产业项目"殷殷嘱托，准确全面贯彻新发展理念，全力以赴优布局、调结构、转方式、强基础、促融合，加快建立绿色低碳循环产业体系，走出一条绿色低碳高质量发展新路，建议如下。

首先，构建以"中国农业硅谷"为龙头的绿色农业产业体系，依托安宁河谷得天独厚的光热资源，以高端育种为核心，坚持科学、技术、生产"三位一体"深度融合，聚集农业高校、科研机构、领军企业、头部公司，推进品种选育、品系改良、育种材创制、高效培育技术等现代种业新技术、新产品、新产业，串珠成链、结链成谷，把安宁河谷建成在全国乃至全球具有较大影响力和知名度的"中国农业硅谷"，在维护国家种业安全中展现凉山担当。大力发展生态循环农业和智能农业，提高绿色有机农产品质量效益和产业比重。建设一批以特色水果、错季蔬菜、优质蚕桑、高品质烟叶、多彩花卉等为代表的特色农业基地，打造一批叫得响、销得好、质量硬的"大凉山"区域特色农业品牌。推进农业与旅游、文化、健康等产业深度融合，创建一、二、三产业融合发展示范区。实施现代农业园区培育行动，创建一批国省级现代农业产业园，建成一批百亿级农业产业集群，打造千亿级体量的农业产业。

其次，构建以"国家战略资源"为主体的绿色工业产业体系。依托西昌钒钛产业园区、冕宁稀土科技园区、德昌特色产业园区等重点园区，发展安宁河流域战略资源科技产业集聚带，加快建设世界级钒钛产业基地和全国重要的稀土研发制造基地。推进传统工业绿色转型升级，加快钢铁、化工、有色、建材等绿色化智能化改造，创建一批绿色园区、绿色矿山、绿色工厂、绿色产品和绿色供应链。实施绿色循环战略性新兴产业培育工程，发展生物医药、高端装备制造、节能环保等高新技术产业，培育数字经济、石墨烯、晶硅等新兴产业。优化工业园区布局，发展飞地经济、平台经济、托管经济，支持产业园区积极创建国省级高新区，鼓励12个重点生态功能区在省级开发区设立"园中园"，培育形成一批千亿级、百亿级绿色工业产业集群。

最后，构建以"清洁能源基地"为支撑的绿色能源产业体系持续推进"三江"流域国家大型水电站项目建设，创建国家水电公园，规范中小流域水电开发利用，推进抽水蓄能电站建设。构建以清洁能源为主体的新型电力工业与电力系统，结合电网送出和市场消纳条件，有序推进风电、光伏基地建设，大力推动分布式光伏发展。因地制宜推动富余清洁能源、生物质能和氢能协同互补发展。推动"水风光氢储"一体化，建设国家级氢能经济示范区。抓住新基建机遇，打造清洁能源装备制造业基地，发展钒电池、锂电池、燃料电池等储能产业，构建新能源产业生态圈，形成千亿级清洁能源产业，建成全国重要的清洁能源基地。

（六）厚植生态本底，构建人与自然和谐共生的美丽家园

凉山应牢记习近平总书记"既要金山银山，也要绿水青山"重要要求，坚定走生态优先绿色发展之路，把"双碳"纳入生态文明建设整体布局，统筹发展和保护，提升绿水青山"颜值"，做大金山银山"价值"，绘

就蓝天常在、碧水长流、青山永驻美丽画卷。

1. 优化国土空间布局，夯实绿色崛起生态基础

准确把握全州生产生活生态三大空间现状，编制完善国土空间规划"一张图"，科学划定"三区三线"，严格保护与合理利用自然资源，全面落实河（湖）长制、林长制和"三线一单"、产业准入负面清单制度。深入实施长江上游重点生态区生态保护和修复工程，加快"山水林田湖草沙冰"一体化保护和修复，科学推进水土流失综合治理和历史遗留矿山生态修复。深入实施"大规模绿化凉山"行动，全方位推动造林绿化、水系绿化、道路绿化、城乡绿化。开展泸山生态修复、盐源国家储备林试点，完善自然保护地保护管理体系，积极融入大熊猫国家公园建设，加强生物多样性保护，启动凉山绿道与生态廊道建设。推动安宁河谷县市建设河畅水清岸绿景美道碧体系，打造生态文明建设示范样本。

2. 推动绿色低碳发展，促进经济社会全面绿色转型

规划碳达峰实施路径，努力在碳达峰、碳中和方面走在全省前列。推行绿色低碳生产方式，强化能源消费总量和强度"双控"，着力推进高耗能行业节能改造，坚决遏制高耗能高排放项目盲目发展，依法依规淘汰落后产能。增强森林、草原、绿地、湖泊、湿地等生态系统固碳能力，加强林业碳汇开发利用和项目储备，推进碳排放权交易市场建设，探索建设碳中和示范基地。推进绿色能源替代高碳能源，提高电能占终端能源消费比重，加快"缅气入凉"，构建清洁低碳安全高效能源体系。建设钒钛磁铁矿大宗固体废弃物综合利用基地，加强农业废弃物和工业"三废"资源综合利用，建立再生资源区域交易中心。推进生活垃圾分类收集处理、源头减量和资源化利用。发展绿色建筑，加快基础设施绿色升级，发展绿色低碳交通，建设海绵城市。弘扬绿色文化，创建一批节约型机关、绿色家庭、绿色学校、绿色社区、绿色商场，推动绿色出行、绿色居住、绿色消费，让绿色低碳生活成为社会新风尚。

3. 呵护天蓝地绿水清美丽环境，系统提升生态安全水平

纵深推进蓝天碧水净土保卫战，深化水污染防治，切实抓好安宁河、邛海、泸沽湖、马湖等河湖水环境综合整治和保护，实施长江流域重点水域十年禁渔，严格控制江河湖污染物排放总量。深化土壤和固体废物污染防治，严格建设用地土壤污染风险管控，加强修复名录内地块准入管理，实施重点流域农业面源污染综合治理，推进畜禽养殖污染防治和资源化利

用。深化大气污染联防联控与系统治理。深化工业污染源治理，建立"散乱污"工业企业动态监管机制，开展重点地区涉重金属行业整治。深入开展"城镇环境革命"实施工程建设全过程绿色建造。

二、西昌市生态文明建设情况

"一城青山半城湖，千古建昌孕风物"。西昌市，四川省凉山彝族自治州首府，地处四川省西南部安宁河谷地区，属热带高原季风气候区，素有小"春城"之称，冬暖夏凉、四季如春；西昌旅游资源丰富，是大香格里拉旅游环线、川滇旅游黄金线上的重要节点。境内及周边有邛海-泸山、邛海国家湿地公园、螺髻山、泸沽湖、灵山寺、西昌卫星发射基地、知青博物馆、黄联土林等旅游景区。西昌是全国粮食大县、全国生猪大县、中国洋葱之乡、中国花木之乡、中国冬草莓之乡，是举世闻名的太阳城、月亮城、航天城，是"一座春天栖息的城市"。先后获得国家森林城市、国家卫生城市、中国优秀旅游城市、中国十大最美古城、中国最美的五大养生栖息地、中国旅游最令人向往的地方、中国最值得去的十座小城市之一、国家级旅游度假区、综合实力百强县、全国新型城镇化质量百强县市、中国县级市全面小康指数前 100 名、2019 年度全国综合实力百强县市、2019 中国西部百强县市、全国乡村治理体系建设试点单位。有国家级邛海湿地公园，是全国最大的城市湿地；西昌月月有鲜花盛开，季季有瓜果飘香，是中国著名的花果之乡；还有西昌卫星发射中心，无数航空航天重器从这里腾空，"飞天凉山"顶"风云"、托"嫦娥"、举"北斗"、筑"天链"，航天精神成就了中华民族千年飞天梦想。

（一）西昌市域基本情况

1. 地理位置

西昌市位于四川西南部，四川盆地与云南北部高原之间，安宁河流域中段凉山州腹心之地，北连冕宁县，南接德昌县，东邻喜德县、昭觉县、普格县，是凉山彝族自治州的首府，是全州政治、经济、文化、交通中心，地理位置东经 101°46′~102°25′、北纬 27°32′~28°10′，辖区面积 2 653.85 km²，总人口万人，城区面积 37 km²。

2. 行政区划

西昌市 2020 年年末下辖 7 个街道办事处、11 个镇和 7 个乡，根据第七次全国人口普查结果，西昌市 2020 年有常住人口955 041人，占全州人口的 19.66%。西昌有汉、彝、回、藏等 28 个民族，这里有我国第一个民族博物馆，也是世界上唯一反映奴隶社会形态的专题博物馆——凉山彝族奴隶社会博物馆，这座博物馆是凉山"一步跨千年"的见证（凉山在新中国成立前是奴隶社会，一步过渡到社会主义社会，没有经过两千多年的封建社会阶段）。在新时代脱贫攻坚战中，作为全国"三区三州"之一，凉山 11 个贫困县全部摘帽、2 072 个贫困村全部出列、105.2 万建档立卡贫困群众全部脱贫，交出了集中连片深度贫困地区同步全面小康的凉山答卷，写就出中国脱贫史上"一步跨千年"的凉山新篇章。凉山脱贫攻坚的全面胜利是中国共产党领导中国人民向贫困宣战的时代注脚和生动缩影，所取得的历史性的成就是坚定以习近平新时代中国特色社会主义思想为指导，坚持和发挥党的领导这一最大制度优势的结果，凉山用蓬勃新生的绿色产业、用星罗棋布的彝家新寨和藏族新居书写了中国共产党领导下的各民族共同繁荣发展的历史记录，用发展实证了中国特色社会主义制度的优越性。

3. 地形地貌

西昌市坐落在青藏高原东南缘，根据四川省地貌区划，西昌市属"盐源、西昌宽谷中山盆地"，总体地形由南北展布的高中山地和断陷的河谷平原两大部分组成。地势北高南低，东西部山地与中部的河谷湖盆平原各占全市辖区面积的 78.2% 和 21.8%。磨盘山、牦牛山纵贯西昌市南北，构成雅砻江与安宁河的分水岭。山岭海拔 2 600～3 400m，最高点牦牛山为 3 503.1 m，岭谷相对高差 500～1 200 m，最低点在雅砻江桐子林，海拔 1 161 m。北部有小相岭大凉山的余脉撒网山、北山，泸山，螺髻山北延部分大箐梁子。山岭海拔 2 500～2 900 m，岭谷相对高差 300～900 m，螺髻山最高点 4 182 m。东部由马熊梁子、妈过梁子，构成黑水河与安宁河的分水岭，最高点老作瓦西为 3 450 m。山区沟谷深切，地形崎岖，属构造侵蚀剥蚀中山地貌。安宁河谷平原北起冕宁观音桥，南至米易县得石乡，长 200 余千米。西昌市处于安宁河谷平原中段，坐落于安宁河东岸一级支流东河和西河的冲洪积扇上，南北长 37.5 km，东西宽 5～11 km，扇面地势平缓，坡度 2～7°，高程 1 570～1 510 m，东河和西河穿城而过。

4. 气候特征

西昌市属亚热带西南季风气候，纬度低、海拔高，日照充足，光热资源丰富，形成了"夏无酷暑，冬无严寒，年温差小、日温差大，温凉湿润"的气候特点，年平均气温变幅仅为 13 ℃，是全国温度变化幅度最小的地区之一，为御寒避暑胜地，素有"小春城""月城"之美称。西昌山地立体气候明显，"一山分四季，十里不同天"，全年干湿季分明，夏季多雨，秋季短，冬春多风，日照强烈，素有"四季无寒暑"之称。西昌多年平均气温 16.9 ℃，多年平均日照 2 445.4 小时，无霜期 273 天。山区内多年平均降雨 1 013.5 mm，降雨集中于 6~9 月，占全年的 76%，雨型多为暴雨。山区气候垂直分带十分明显，降雨、水汽主要来自印度洋，雨量较为充沛且集中。年降雨量在境内随地势的差异而不同，山区降雨量较大，河谷及湖盆地区较少，螺髻山南端降雨量高达 1 000~1 600 mm，牦牛山磨盘山脊一带约 1 000~1 200 mm，安宁河、雅砻江河谷和邛海湖盆区约 930~1 000 mm，降雨量呈现出西部高于东部，南部高于北部的特点，垂直差异是海拔每增高 100 米，降雨量增加约 30 毫米。

5. 河湖水系

西昌市水系主要有两大部分组成，一部分为东部的雅砻江流域，一部分为中部的安宁河流域，两大水系均为南北走向。雅砻江系金沙江最大支流，全长 1 187 km，流域面积 14.4 万 km^2，发源于青海省巴颜喀拉山南麓，自西北冕宁、盐源两县间进入西昌市，向南流入盐源与德昌县境，于攀枝花市注入金沙江。雅砻江干流流经西昌市长 90 km，是西昌市和盐源县的界河，有山溪沟 170 条汇集为 15 条较大支流汇入雅砻江，雅砻江水系在西昌市境内集雨面积为 804.6 km^2。安宁河是雅砻江的一级支流、金沙江的二级支流，发源于四川省冕宁县东小相岭记牌山，全流域控制面积 11 150 km^2，年平均径流量 230 亿立方米。安宁河纵贯西昌市域全境，是工农业生产和生活用水的主要水源，过境长 83 km，市境内年径流量 35.6 亿立方米，干流总落差 150.22 m，平均纵坡 1.7%；漫水湾流量站实测多年平均流量 110 m^3/s，多年平均径流量 347 000 万立方米，多年平均洪峰流量 1 170 m^3/s，多年平均最枯流量 1.55 m^3/s（1969 年太和站），最大流量 1 400 m^3/s，最小流量 7.95 m^3/s。西昌市境内年径流量 35.6 亿立方米。安宁河上游入境多年平均径流总量为 35.26 亿立方米，沙坝河口（与冕宁交界）以上流域面积 4 176 km^2，海河口以上为 5 777 km^2，麻栗河口（与德昌交界）为 6 989.8 km^2。安宁河，为西昌市工农业生产和生活用水的主要水源。境内干流总落差 150.22 m，平均纵坡 1.7%；漫水湾流量站实测多年平均流量 110 m^3/s，多年平均径流量 347 000 万 m^3，多年平均洪峰流量

1 170 m³/s，多年平均最枯流量 1.55 m³/s（1969 年太和站），最大流量 1 400 m³/s，最小流量 7.95 m³/s。安宁河水能理论蕴藏量 24.83 万千瓦，可开发量 2.65 万千瓦。西昌市区有四川第二大湖泊——邛海，据考证是史前地质构造运动断陷而形成。邛海南北长 11.5 km，东西宽 5.5 km，湖周长 35 km，水面面积 31 km²，平均水深 14m，最大水深 34 m，蓄水量 3.2 亿立方米，常年水面海拔高 1 507.14 m，水位变幅 0.41~1.69 m。邛海入湖河流中，东北有官坝河，集水面积大于 100 km²，由小营河、麻鸡窝河、洼郎河汇集而成；南有鹅掌河，集水面积大于 50 km²，由回龙河、呷威洛河、鹅鸠河等 9 条溪沟汇集而成；其余集水面积大于 10 km² 的有干沟河、大沟河（窑沟）2 条，干沟河有高沧河入汇。此外还有集水面积小于 10 km² 的小青河、踏沟河、红眼沟、龙沟河 4 条及一些小溪、坡面漫流。以上这些河流汇入邛海后，由海河排泄，海河自邛海西北角流出后，在西昌城东和城西纳入东河、西河后转向西南注入安宁河。除安宁河、雅砻江、邛海湖外，大小溪、河共 131 条，其中面积大于 50 km² 的有 14 条，主要分布在安宁河流域。西岸有樟木沟、拖琅河、大麻柳河、破石头河、摩娑河等；东侧有白砂河、黑沙河、热水河、深沟河、白条河、大塘河、白沙沟、西溪河等。支流与主流交汇成羽状水系，均属山区河流，流量随季节而变化，雨季时山洪暴发，洪水、泥石流漫流，旱季时河床裸露断流。

6. 植被与生物多样性

西昌植物区系，处于泛北极植物区，中国喜马拉雅植物亚区，是植物种类最丰富多彩的亚热带高山高原植物区系。雅砻江河谷保存有热带区系成分，冷杉林和一些植物群落中，也混有或从属着一些非常古老的热带区系成分，即处于古热带植物区和泛北极植物区的过渡带，植被分区属于中国喜马拉雅植物亚区的西昌横断山地宽谷亚热带季节性常绿阔叶林。大部分地域属于安宁河中上游地墼宽谷盆地云南松林（水稻、小麦、油菜）州。境内螺髻山区属于螺髻山高山冷云杉林（苹果、梨）州。西昌市自然生态系统类型有森林生态系统、灌丛生态系统、草甸生态系统、湿地生态系统、农田生态系统。

三、生态文明建设的 SWOT 分析

（一）优势（strengths）

1. 地理区位优势明显，交通条件比较便利

西昌自古以来就是"南方丝绸之路"重镇，是将成都、重庆等内陆省市与云南连接战略性中转枢纽，是国家综合交通网络中的重要节点进一步由云南的昆明、丽江、大理、香格里拉等通往缅甸、孟加拉国、印度、泰国、老挝、越南、尼泊尔等地区，是丝绸之路经济带中川滇黔通往东南亚、南亚国际大通道的重要节点枢纽。西昌是中国西部的南向开放节点新时代对外开放通道，地处区域地理中心，与成都、重庆、昆明、贵阳距离几乎相等，立体交通催生川滇大枢纽。西昌处于成都、重庆、昆明三大城市交叉辐射区域，是连接成渝经济圈向南的枢纽和中转站，是名副其实的成渝地区康养休闲度假的"后花园"。西昌地处四川省五大旅游区之一的"攀西阳光度假旅游区"，是攀西阳光度假旅游区的重要节点，川滇旅游黄金线上的关键枢纽，也是游客从四川进入香格里拉文化生态旅游区的入口和门户，具有发展度假旅游的天然地理区位优势。

西昌市目前有铁路、航空、公路、水运四种交通方式，在"十三五"期间基本形成了以"一航一铁三纵一横"为主骨架的立体交通网络。成昆铁路、G5京昆高速、G108、G248组成南北纵贯线，G348横跨东西线，通过东西南北四个方向，以高速公路为运输大通道核心，改变西昌市对外大交通单一局面；青山机场通航24个城市，四川南向综合性交通走廊和对外经济走廊雏形已显现，全面适应与全国、全省、全州同步建成小康社会目标的需要。城市内网方面围绕"六横七纵""三隧八桥"城市路网规划建设规划、优化城市布局，将西昌建设成为四川南向大通道的重要节点城市。

2. 资源优势突出，综合实力不断提升

西昌属于热带高原季风气候区，水能资源富集，是国家"西电东送"重要战略基地；农业光热资源丰富，是全国粮食大县、中国洋葱之乡、花木之乡、冬草莓之乡、全国现代烟草农业示范区、国家级杂交玉米种子生产基地；森林资源丰富，有全国最大的飞播林区。国家高等级战略资源高度富集，矿产种类多、分布广、价值高，攀西价值万亿美元的矿产资源为西昌发展资源型产业奠定雄厚基础：攀西地区已探储量的矿产资源，以初

级产品计算，其潜在经济价值为 19 387 亿美元。攀西钒钛磁铁矿、稀土资源丰富，钛资源储量 6.18 亿吨，约占全国的 95%，世界 35%（第一），钒资源储量 1 862 万吨，约占全国的 52%（第一）、世界 11.6%（第三），稀土资源储量 278 万吨，占全国第二。西昌市立足资源优势，以钒钛、成凉、太和三大工业园区为工业经济增长主引擎，构建形成农产品加工、建材等传统优势产业集群；钒钛钢铁、新材料、装备制造等高端成长型产业集群；新能源、生物医药等战略性新兴产业集群，产业发展集群化、规模化效益更加凸显。"十三五"期间，西昌市经济态势稳中向好，2020 年地区生产总值（GDP）达到 573.6 亿元，较 2015 年增长 34.5%，人均 GDP 达到 66 700 元。完成固定资产投资 339 亿元，较 2015 年增长 17%。先后成功举办西昌邛海湿地国际马拉松赛、邛海国际帆船赛等重大赛事活动，承办央视春晚（分会场）、国际戏剧节等重大文化活动。先后荣获中国县域经济综合竞争力百强、中国县级市全面小康指数百强、中国县域旅游竞争力百强、全国首批乡村治理试点单位等 90 余项国家级和四川省县域经济发展强县、全省实施乡村振兴战略先进县、首批"天府旅游名县"、首批省级全域旅游示范区等 200 余项省级荣誉称号，城市知名度、影响力、综合实力不断攀升。

3. 人文底蕴与自然资源丰厚，文旅融合产业蓬勃发展

历史悠久，人文底蕴丰厚。西昌市是古代南方丝绸之路上的一大重镇，是西南各族人民经济、文化交流及民族迁徙的走廊，西昌市是四川省省级历史文化名城，西昌市北街、南街、涌泉街历史文化街区是第三批省级历史文化街区。西昌市现有国家级文物保护单位 1 处，省级文物保护单位 6 处，市级文物保护单位 31 处，非物质文化遗产 105 项（其中国家级省级各一项），传统器乐乐种 1 项，查明古籍、美术馆藏品、传统器乐乐种、非物质文化遗产、文物五大类文化资源点共 18 796 个。民族风情浓郁，文化内涵丰富。西昌市作为全国最大彝族聚居区凉山彝族自治州首府，是系统展示凉山彝族物质与非物质文化遗产的窗口，拥有全球唯一的彝族奴隶社会博物馆以及中国彝族服饰展览馆、火把广场、凉山民族文化艺术中心、彝族诺苏艺术中心等彝族文化展示与体验场所旅游资源禀赋优厚，文旅融合高质量发展。西昌市位于攀西文旅经济带和阳光生态经济走廊的核心区域，日照充足、光热资源丰富、气候条件优越，有"阳光城""小春城""月城"之称，旅游资源极为丰富，文旅融合高质量发展。现有 1 个

国家级旅游度假区（邛海旅游度假区）、1 个国家生态旅游示范区（邛海国家生态旅游示范区），3 个国家 4A 级旅游景区（邛海泸山景区、安哈彝寨仙人洞景区、樟木茅坡樱红景区）、8 个国家 3A 级景区（建昌古城、黄联土林、知青博物馆、建昌古城、大凉山民族文化产业园、黄水龙泉人家——书夫彝寨、兴胜红莓人家、西乡凤凰葡园）。西昌酒店民宿客栈数量居全省之冠，旅游集散中心、游客服务中心、公路服务区、自驾营地、旅游厕所、标识标牌旅游服务体系完善。市委、市政府大力实施"全域旅游、首位产业"战略，通过文旅融合发展，撬动县域经济发展。2020 年，全市接待游客 1 826.85 万人次，旅游综合收入 216.67 亿元，增长16.27%。以旅游为主的服务业占 GDP 比重 50%，贡献率 79%，成为国民经济首位支柱，创建为四川省首批天府旅游名县和省级全域旅游示范区，助力西昌入围全国百强县市榜单。

4. 生态文明建设工作基础扎实，体制机制不断完善。

西昌市委、市政府历来高度重视生态环保建设，始终秉持生态保护与经济发展并重的理念，有力促进生态文明、经济文明和社会文明的协调发展。先后荣获国家森林城市、国家卫生城市、全国文明城市提名城市等称号。西昌市始终把生态文明建设摆在"五位一体"总体布局的突出位置，坚守"绿水青山就是金山银山"发展理念，坚持生态立市、产业强市、开放兴市"三大发展战略"，以解决生态环境领域突出问题为导向，进一步深化生态文明体制改革，切实处理好经济发展与生态环境保护的关系，加快发展绿色循环经济，推动形成人与自然和谐发展新格局。制定《西昌市环境保护责任划分和环境保护监督管理职责》，健全"党政同责、一岗双责"工作机制，进一步明确各级党委、政府、市级各部门环保工作职责，制定《西昌市网格化环境监管工作实施方案》，在园区、街道办及乡镇建立二、三级环境监管网格（二级 46 个、三级 267 个），形成各司其职、各负其责、齐抓共管的工作局面。西昌市注重污染防治，切实改善生态环境质量，多措并举，完成重钢西昌矿业等 11 家重点行业及燃煤锅炉烟粉尘达标治理项目；完成航天水泥等 8 家工业废气治理设施改造；完成邛海宾馆、小丁饭店等 14 家主要餐饮企业油烟治理，油烟净化设施有效运行率达90% 以上。督促西昌钢钒投资 2 亿多资金，技改解决"烟羽"问题。开展邛海、西河 2 个城市饮用水源地一级保护区规范化建设，搬迁村民 33 户，取缔餐饮经营户 7 家，迁建邛海取水口。完善邛海一、二、三级截污干管及 24 个乡镇生活污水处理设施和排污管网建设%。持续推进重金属及土壤污染防治工作，关停淘汰长城物资电镀厂等 5 家涉重落后产能企业，强制开展 5 家涉重企业清洁生产审核，完成 1 家省级规划技改项目。先后实施森林生态效益、天然林资源保护等工程，推进退耕还林、大规模绿化行动 88 万亩，森林覆盖率达到 51.5%，林草覆盖率 64.23%，城乡新增绿地面积 404 万平方米，西建成区绿化覆盖面积达 1 946.03 公顷，绿化覆盖率为 40.5%，乡镇建成区绿化覆盖率达 32.5%，林木绿化率≥30%、水体岸线自然化率达 88%，适宜绿化的水岸绿化率达 88%，建设农田林网 380 公顷，受损弃置地生态修复率达 82.5%，建有各类城市公园、街头绿地、游园、绿地、城市公园共计 39 个，服务半径达到了 500 米（1 000 平方米以上绿地）的要求，对城区覆盖≥80%。建成区公园绿地面积达 589.46 公顷，人均公园绿地面积达到 13.32 平方米。

（二）劣势（weaknesses）

1. 生态环境敏感脆弱，资源承载力日趋紧张

西昌市生态多样性复杂性、地质脆弱性灾害性、发展艰巨性繁重性并存。2017—2020 年生态环境质量等级虽然均为"良"，但呈逐年下降趋势。森林资源虽然覆盖率较高，但质量不高、分布不均的状况仍未得到根本改变，特殊的地理环境和历史原因造成林分结构单一，有 149.065 9 万亩云南松纯林，森林病虫害高发，气候因素导致森林火灾极易发生。市水土流失形势严峻，33% 市域范围存在水土流失风险。地质灾害点多面广，全市共发育地质灾害点 387 处，泸山火灾导致隐患点新增 62 处，均为泥石流灾害。河湖、山溪河流众多，上游流域植被破坏，部分河段生态基流不足，城区河道淤积，部分河段退化萎缩，严重影响城市景观，河道堤防建设不足，多数河段防洪标准不足 5 年一遇，西河、海河部分河段尚无堤防护岸，泥石流、地上悬河无出口，灾害严重，治理率小于 5%。外来生物入侵较为严重，已查明的入侵严重的动植物有 7 种，对当地的生物多样性产生了一定威胁，也影响了农业的发展。人地矛盾日益突出，人均耕地仅 1.13 亩，耕地质量不高。耕地区域分布差异较大，耕地资源主要沿安宁河流域分布，局部地区农用地土壤依然存在污染现象，山区耕地坡度较大，灌排设施陈旧落后，水土流失严重，土壤肥力较低，耕地产出率低。城市建设与风景名胜区、耕地空间等冲突，存在较多重合；地剩余指标不足，人均城镇建设用地面积小。水资源虽然丰富，但时空分布不均，缺乏大中型骨

干综合调蓄工程，水资源开发利用不足，现有水利设施配套不完善，大多老化失修，季节性、区域性的干旱缺水十分普遍且严重，水利工程设施差，配套不完善，农业工业用水浪费严重。

2. 环境基础设施建设存在短板

近年来，西昌市工业污染源以及机动车增速快、流动人口和城市居住人口增加等多方面因素导致生活消费性污染加大，与城市改造、产业发展等带来的生产性污染相互叠加，大气污染防治形势依然严峻，臭氧污染上升态势明显，春夏季节出现臭氧污染超标，主要污染物负荷占比达到78%累计上升20%，制约"十三五"空气质量目标完成。地表水环境质量和乡镇集中式饮用水水源地未能稳定达标，国控断面邛海湖心、阿七大桥均出现不同程度总磷超地表水Ⅱ类限值情况，上游畜禽养殖、农业面源排放制约水质改善，410铁路桥、茗仁大酒店州控断面尚未消除劣Ⅴ类水质。

全市已建污水管网收集能力空缺较大，部分区域雨污分流不彻底，存在雨污混接、错接现象，同时管网老旧破损严重，污水管网建设亟待加强；小庙、邛海污水处理厂接近满负荷运转，城市污水处理能力亟待扩能增效；乡镇污水处理设施运行效率低，运维资金缺口较大；农村生活污水得到有效治理的行政村比例偏低，存在直排、溢流现象。垃圾焚烧发电厂处理能力趋于饱和，亟待扩能。

3. 城市生态供给矛盾突出，城乡发展不平衡不充分

西昌市城乡空间整体呈东西疏中部密的格局，空间碎片化问题凸显，邛海地区、城郊和河谷地区人口分布较密、村庄规模较大，建设用地供给对经济发展形成了很大的制约。山区人口布局分散、村庄规模偏小，空间碎片化严重。二半山区和高山区四川特有的山地人居模式，村庄沿路聚居、散点分布或为簇状分布，自然条件优良，公服设施和基础设施相对较弱，存在地质隐患。脱贫地区部分村集体经济发展能力较薄弱，村集体经济投资经营规模小、产业同质化，管理粗放，经济效益不高，成效不显著。农村污水处理工程、农村道路修建工程存在后期运行管理等问题，导致部分已建成的污水处理设施和乡村道路出现运行状况不良或不能正常运行的问题。

4. 生态文明建设体制还需完善，环境保护治理体系和能力亟待加强

当前，西昌市环境保护制度体系尚不成熟，全时段、全方位、全覆盖的精细化管理模式初具雏形，环境管理执法机制缺乏开放性和创新性，职

能部门联动共治机制尚需完善，全局意识、补位意识有待进一步提高，生态文明体制各项改革的系统集成效应还不够明显，改革急需从"物理整合"升级为"化学反应"。虽然西昌市在突破生态文明治理体制性障碍方面取得了一定成果，但对改革红利的科学评估、政策配套有所不足，各项改革需加强统筹协调、一体推进。全市生态文明建设客观上仍处于开拓阶段，改革中的新问题急需通过继续深化改革予以解决，如"双随机"监管抽查对象不均、覆盖面过窄等问题逐渐显现，多种信息化执法手段采集的证据不具法律效力，基层环保机构职能定位急需更新，网格化环境监管制度有待优化。

（三）机遇（opportunities）

1. 生态文明建设成为中华民族永续发展的千年大计

党的十八大以来，以习近平同志为核心的党中央把生态文明建设作为统筹推进"五位一体"总体布局和协调推进"四个全面"战略布局的重要内容，谋划开展了一系列根本性、长远性、开创性工作，推动生态文明建设和生态环境保护从实践到认识发生了历史性、转折性、全局性变化。特别是党的十九大提出建设生态文明是中华民族永续发展的千年大计，必须树立尊重自然、顺应自然、保护自然的生态文明理念，把生态文明建设放在突出地位，融入经济、政治、文化、社会建设各方面和全过程。西昌市生态文明建设是贯彻绿色发展理念的重要实践，符合国家政策要求和发展方向，有利于在全省生态文明发展中发挥示范作用。

2. 重大战略机遇为发展带来新方向

从国际看，当今世界正经历百年未有之大变局。从国内看，我国正处于实现中华民族伟大复兴的关键时期，已转向高质量发展阶段，面临的国内外环境发生了深刻复杂变化，但经济稳中向好、长期向好的基本面没有变。进入新发展阶段，在新发展理念引领下构建新发展格局，我国即将开启全面建设社会主义现代化国家新征程。四川省委、省政府提出"一干多支、五区协同"发展战略，重塑四川经济地理新版图，形成新时代西部大开发新格局。以国内大循环为主体、国内国际双循环相互促进的新发展格局加快构建，共建"一带一路"倡议、长江经济带发展、新时代推进西部大开发形成新格局等深入实施，为攀西经济区转型升级拓展新空间。成渝地区双城经济圈建设加快起势，为攀西经济区打造南向开放门户、综合交通枢纽、长江上游绿色发展示范赋予新势能。对外开放合作区位条件持续改善，重大创新平台加快布局，为攀西经济区转型升级发展注入新活力。西昌作为攀西地区政治、经济、文化及交通中心，是凉山州"主干引领、协同发展"战略中心"主干"，川滇结合处的重要城市，四川打造的攀西城市群中的核心力量，加上产业振兴、生态振兴、文化振兴、人才振兴、组织振兴等多重利好，为西昌市经济高质量发展提供了良好的政策机遇，为西昌建设攀西地区现代化国际性中心城市创造有利条件。从全省全州来看，随着共建"一带一路"倡议、长江经济带发展、新时代推进西部大开发形成新格局、成渝地区双城经济圈建设等国家战略深入实施，四川发展的战略动能将更加强劲、战略位势将更加凸显、战略支撑将更加有力。从省州发展态势看，四川在全国发展大局中具有重要的地位，经济方面，是西部地区经济的领头羊；生态方面，是长江上游重要生态屏障；改革方面，是全国改革的重要策源地；开放方面，是共建"一带一路"倡议和长江经济带的交汇地、枢纽地。凉山既是全国全省脱贫攻坚主要战场，同时也是经济发展重要地区、维护稳定重要阵地。随着新时代推进西部大开发形成新格局国家战略、攀西经济市转型升级的推动和全面建设社会主义现代化新凉山的部署，一系列新机遇交汇叠加。

从自身来看，在资源、生态、旅游、民族文化等方面具有独特优势的西昌，经过多年接续奋斗，已经具备迈上高质量发展新台阶的有利条件。面对新形势，西昌市工业发展进入加快转型期、城市建设进入稳步提质期、生态环境改善进入重要窗口期、开放合作进入关键突破期、改革红利进入集中释放期。西昌市未来3个五年将建成"一个城市、两极核心、三大高地"高质量发展的经济强市，即现代化生态田园城市、国家战略资源创新开发试验市核心增长极和安宁河流域阳光生态经济走廊核心增长极以及国际重要文旅康养高地、四川最具创新活力高地、川西南开放经济高地。

3. 绿色发展成为新时代社会经济发展主基调

中国特色社会主义进入了新时代，赋予了发展新的内涵，我们绝不能走粗放发展的老路，必须坚持以人民为中心的发展思想，坚持绿水青山就是金山银山，立足新发展阶段，贯彻新发展理念，构建新发展格局，着力推动高质量发展，这是新时代的硬道理。近几年，新兴产业加速崛起，研发设计、高端制造、新型服务等相关产业迅速壮大。自上至下均提出了"加快构建现代产业体系"和深入实施制造业强国、强省、强市以及发展壮大战略性新兴产的发展方向。将为西昌市加快新兴产业发展、推动产业结构优化调整，从而卖意绿色发展带来难得机遇和巨大空间。随着各级政府对绿色发展理念的认识进一步深入，加强生态文明建设将日益成为全社会的普遍共识，生产方式，生活方式和价值观念将逐步向绿色化转变，为生态文明建设奠定了深厚的群众基础，为生态文明建设的全面有序开展提供了良好机遇。

（四）挑战（threats）

1. 经济下行压力较大，增长动力不足

当今世界面临百年未有之大变局，全球动荡源和风险点增多，世界经济的传统增长动力正在减弱，全球经济增长呈趋势性下降态势，经济下行压力较大。在此背景下，我国经济也已由高速增长阶段转向高质量发展阶段，经济发展既需确保在合理区间内运行，满足刚性需求，又要加速推动质量变革、效率变革、动力变革，提升质效水平。同时受外部环境复杂多变、政策刺激效应减弱、调控压力增多等多重因素影响全市主要经济指标增速回落，经济增速明显放缓。经济发展进入新常态，经增速从高速增长向中高速增长转变，经济发展方式将从规模速度型粗放增长向效率型集约增长转变，经济发展动力将从传统增长点向新的增长点转变。严峻的宏观经济形势给西昌市生态文明建设工作的推进带来一定困难，同时招资难度加大，进而将影响土地整理和生态建设。

2. 新时代对生态环境高水平保护的新要求

新发展阶段，碳达峰、碳中和纳入生态文明建设整体布局，为统筹经济高质量发展和生态环境高水平保护赋予新动能，也带来新的挑战。党中央作出力争 2030 年前实现碳达峰、2060 年前实现碳中和的重大战略决策，为推动经济社会发展全面绿色转型提供了根本遵循。省委做出了以实现碳达峰碳中和目标为引领推动绿色低碳优势产业高质量发展的决定。西昌市产业结构、资源环境效率与国际国内领先城市仍有差距，能源消费总量刚性增长，面临着加快绿色低碳转型，积极推进能源消费革命，实现高质量发展、迈向碳中和愿景的压力。生态环境领域创新力量较弱、资源短缺，市场导向的生态环境经济政策效用尚未充分发挥，环保科技支撑不够，与新阶段加快绿色发展的要求相比还有较大差距，在推进绿色低碳技术、科技创新助力实现碳达峰、碳中和目标上面临较大的压力。

3. 生态安全面临新要求新挑战

公共卫生突发事件背景下，全球生态安全形势日趋严峻，生态安全风险防控和治理体系不健全的问题日益突出。技术革命在助推产业转型升级、为解决生态环境问题提供支撑的同时，也可能带来新的生态安全问题和生态风险，对人类健康和自然生态平衡构成威胁。如何建立健全以生态系统良性循环和生态环境风险有效防控为重点的生态安全体系，将成为生态环保工作面临的新的重大挑战。

四、西昌市生态文明建设实现了质的飞跃

西昌致力于在全省率先走出一条生态优先绿色发展的新路子，摒弃了常规发展模式，按照"优化环境""经营环境""享受环境"的全新发展理念，在保持生态优势中放大区位优势、资源优势、产业优势、人文优势，生态的倍加效应得到充分彰显。

（一）对生态建设重视程度前所未有

2006 年冬"一办三创"，吹响西昌"一座春天栖息的城市"崛起的号角。为将西昌打造成为中国优秀旅游城市，西昌市投入 22 亿元进行城市基础和景区景点的规划建设，建成大项目 28 个，西昌旅游发展自此迈入新时代，西昌高速发展踏上新征程，西昌"生态强市"也进入新起点。此后，西昌市更加注重生态文明建设中的顶层设计，在规划的有序指导下，强调用生态文明的理念和要求指导规划的编撰和修改，做到互相促进、互相融合，修编了《西昌市城市总体规划（2010—2030 年）》，修改完善《邛海保护条例》，编制了《邛海流域环境规划》和邛海西岸、东北岸、南岸控制性详细规划，邛海湿地恢复（六期）详细规划等一系列综合治理规划，邛海及周边环境的强制性、科学性保护措施形成完整体系。更加强化生态文明建设中的责任落实，党的十八大以来，市委、市政府共召开 30 多次市委常委会和政府常务会，研究生态环保重大工作，制定《西昌市环境保护责任划分和环境保护监督管理职责》，推动"党政同责、一岗双责"工作机制落实落地，建立起政府统筹、部门联动、社会监督的环保工作新机制；三大工业园区、6 个街道办事处、37 个乡镇完成辖区内二、三级环境监管网格的划分工作，共建立二级网格 46 个，三级网格 267 个；把大气污染防治、水污染防治等生态环境保护重点工作纳入全市目标综合考核，层层签订责任书，加强督查督办，严格逗硬奖惩，确保工作落实到位。更加

关注生态文明建设中的统筹协调，遵循可持续发展原则，注重统筹生态建设与经济发展的和谐关系，始终坚持在保护生态的前提下发展经济、在发展经济的基础上改善生态，推进生态管理机制、政策法规等方面的合理性和决策的科学性；注重统筹人与自然的和谐关系，促进社会价值观念、道德规范、生产方式及消费行为导向的资源节约性、生活俭朴性、行为自觉性、公众参与性；注重统筹城乡协调发展，加快推进城市组团建设，全面启动西部新城建设和老城区综合整治，全力推进幸福美丽新村建设，城乡统筹发展的机制基本建立，宜居环境有效改善，现代化生态田园体系初步形成。更加突出生态文明建设中的综合施策，坚持多维切入，综合运用经济、技术、法律、生态、行政等手段，建立市人大代表和政协委员定期巡查制度、环保工作联席会议制度、环境执法协调制度，构建环保社会监督机制。通过组建由人大代表、政协委员、专家学者、各界群众组成的环境保护社会监督员队伍，参与环境保护监督活动，倒逼解决环境问题，形成全社会关心、支持、参与生态环境保护的良好氛围。

（二）对生态环境问题整治力度前所未有

持续实施蓝天工程、碧水工程、宁静工程、增绿工程等"十大环保行动"，打好环保问题整治"组合拳"。

一是实施"蓝天工程"推进大气污染防治。集中力量解决突出的工业废气、燃煤锅炉、餐饮油烟、扬尘及秸秆焚烧等污染问题，全市空气环境质量优良天数连续6年保持在98%以上。治理工业污染，完成重钢西昌矿业、西昌宏鑫等11家重点行业及燃煤锅炉烟粉尘达标治理项目；淘汰生生调味品、绿宝石酒店等24家企业24台10蒸吨以下燃煤锅炉、2台热电炉；督促西昌钢钒投入2.3亿元，完成密相半干法脱硫设施改造，有效解决市民反映强烈的"烟羽"问题；完成西昌航天水泥、明源磷化工等8家工业废气治理设施改造，确保污染物排放稳定达标。诊治"城市病"，开展餐饮油烟治理，完成醉太平、邛海宾馆等14家餐饮企业油烟治理，油烟净化设施有效运行率达到90%以上；持续开展露天烧烤整治，取缔游摊烧烤94家，关停整顿25家限期整改112家，全面实现归店经营并安装和使用油烟净化设备；持续开展主城区全面禁煤等整治工作，发放禁煤补贴300余万元，关停7家城郊煤球生产企业；完成14座加油站油气回收治理，开展城市扬尘专项整治，查处300余起路面污染，30余家建筑工地，处罚金额56万元。淘汰落后产能，废弃西昌富强水泥、泸山铁合金等4家企业落后产能设备 36 台（套）；强力关停合力锌业、康西铜业、新钢业、新太平、广丰工贸、会东铅锌矿西昌冶炼厂等 20 余户落后产能和高污染企业，关停企业涉及年总产值超过 100 亿元、税收 3 亿余元，员工近万人，累计减排二氧化硫 28 480.46 吨、氮氧化物 1 491.22 吨、化学需氧量 471.55 吨、氨氮 245.65 吨，荣获全省先进集体称号。

二是实施"绿水工程"推进水污染防治，加强邛海保护。投入资金近 60 亿元，实施邛海生态恢复整治行动，拆除邛海沿岸一大批违法违规建筑，恢复月亮湾等八大自然生态景观，新增邛海水生植被约 8 000 亩；对邛海周边五乡一镇村民 9 000 余户，3.8 万余人实施搬迁，分六期实施湿地恢复工程，恢复邛海湿地 2 万余亩，走出一条高原湖泊生态保护与综合治理的科学发展之路。加强饮用水源地保护，投入 6 800 万元，开展邛海、西河 2 个城市饮用水源地保护区规范化建设，邛海取水点迁移工程加快推进。调整和取缔农村不合格水源地，完成 25 个乡镇集中式饮用水源地保护区范围划分技术方案编制工作。加强流域综合治理，投入 6.8 亿元，对官坝河、小青河、鹅掌河等入邛海河流进行综合治理，投入 2.36 亿实施邛海周边"四乡一镇"农村面源污染整治工程，降低邛海污染负荷，入湖水质达到地表水 III 类以上。关停振华薯业、礼州纸厂等 5 家水污染企业，取缔非法洗选企业 9 家，实施规模化畜禽养殖减排项目 45 个。争取水污染防治示范市项目中央专项资金 3 800 万元，开展东河、西河、海河截污干管维修改造及月亮湖生态湿地公园（一期）建设。成功落地总投资达 22.54 亿的东西海"三河"水环境综合整治 PPP 项目，子项目月亮湖湿地公园（二期）工程已全面开工。加强基础设施建设，完成邛海 2 万吨污水处理厂、小庙 10 万吨污水处理厂扩建工程，完成经久工业园区 1 万吨污水处理厂主体工程建设，全市污水处理能力达 13 万吨/日；建成邛海一级截污干管 16 公里，二、三级截污管网近 40 千米；实施垃圾填埋场垃圾渗滤液治理工程；结合国家级生态乡镇创建，完成 24 个乡镇生活污水处理设施和排污管网建设，城镇生活污水处理率提高至 87%。

三是实施"净土工程"推进土壤污染防治。关停长城物资电镀厂、春光镀锌、弘兴矿物元素厂等 5 家涉重企业，强制开展 5 家涉重企业清洁生产审核，完成宏鑫实业 1 个省级规划技改项目，2014 年提前完成国家下达我市重金属"十二五"规划目标任务。编制《西昌市"十三五"重金属污染综合防治方案》，完成西昌市重金属污染防治示范区申报工作，对

"十二五"已关停搬迁的12家涉重企业进行场地调查。投入近4亿元，建成日处理600吨的城市生活垃圾焚烧三峰发电厂，替代原日处理能力500吨的垃圾填埋场；建成日处理2吨的医疗废物处置中心。

（三）生态环境执法监督管理水平前所未有

高度重视环保能力建设，在人、财、物方面加大投入，着力打造一支忠诚干净、敢于担当的环境保护执法队伍，不断提高执法监管水平。加强环保能力建设。2013年以来，新增环境监察、监测人员36名，均为大学本科以上学历。新建近4 000平方米的监测、监察业务用房并投入使用，环境监测站、环境监察大队均已达三级标准。2015年新增设环境信息宣教中心、环境应急处置中心两个事业单位，新增事业编制7名，增设总量股、政策法规股2个业务股室，充实环保机构。投入1 000万元，建设环境保护监控中心，科技监管水平将进一步提升。加强环境执法监管。在加强日常监管的基础上，建立环境执法与刑事司法联动制度，开展"双随机"抽查工作和各类环保专项行动，坚决查处环境保护违法案件。2013年以来，共下达行政处罚决定200余件，收缴罚金1 000余万元，其中仅2017年立案调查108件，处罚金657.31万元。加强排污申报与排污费征收，2013年以来，共开出排污费缴纳通知单408份，缴纳金额8 898.21万元。高度重视群众身边环境问题处理，2013年以来，共处理群众来信、来电、来访件1 354件，其中省级转办件13件，信访事项处理率100%，办结率100%。加强环境应急管理。修订完善《西昌市突发环境事件应急预案》，组织开展西昌市突发环境事件应急演练，建立环境应急专家库，开展环境应急专题培训，95家企业完成应急预案备案工作。

（四）生态文明建设成就前所未有

市委、市政府始终坚持将生态保护与恢复作为一项重要的兴市战略，通过持续不断的巨大人力、物力投入，取得一场又一场攻坚硬仗胜利，西昌生态环境不断优化，生态效应不断增强，生态建设与经济建设、政治建设、文化建设、社会建设相互促进、融合发展，人民群众对区域生态环境的认同感和获得感显著提高。生态本底持续增强。人均公园绿地面积达到11.37平方米，城市建成区绿化覆盖率40.34%，绿地率38.98%，生活垃圾无害化处理率100%，环境空气质量综合平均指数达到3.69，城市集中饮用水源达标率100%，声环境质量达标率100%。30个乡镇通过生态环境部国家级生态乡镇技术核查，占全市乡镇的81%。邛海—泸山周边可视范围植被恢复 13.6 万亩，邛海流域林地面积达 38 万余亩。邛海水域面积从不足 27 平方公里恢复到 34 平方公里，湖水Ⅲ类水质全面恢复并趋于Ⅱ类，生物多样性加快恢复，生态搬迁群众人居环境明显改善，生活水平显著提高，《中国环境报》3 个专版对邛海生态保护工作进行了宣传报道。2014年，环保部全国江河湖泊生态环境保护工作总体进展调度会在西昌举办。邛海湿地先后荣获"国家湿地公园""国家生态文明教育基地""国家环保科普基地""国家水利风景区"等称号。绿色工业持续壮大。三大工业园区产业发展合理布局渐次形成，传统工业转型升级逐步加快，中电建西昌 30 万千瓦风电项目、重庆三峰 1.2 万千瓦垃圾焚烧发电项目并网发电，蓝鼎环保综合利用西昌钢钒脱硫渣项目已建成投产。生态农业持续发展。成功创建无公害、绿色和有机农产品基地 37 个、产地规模达到 82.7 万亩，拥有省级挂牌生产基地 4 个、省级农技示范基地 10 个、国家级无公害农产品 6 个，国家级绿色食品 A 级认证 13 个，西昌洋葱、小香葱获国家地理标志保护产品，建昌鸭、钢鹅、高山黑猪获农业部农产品地理标志认证。乡村旅游异军突起。成功打造荷色生香、茅坡樱桃等"乡村十八景"、30个民俗文化节，全市新增农家乐 180 家，乡村旅游从业人员达到 3 万余人。十年间，西昌县域经济综合实力跃入全国百强、民生事业得到极大改善，获得中国生态城市、国家生态旅游示范区、国家生态文明教育基地、国家生态旅游示范区、国家生态环保科普示范基地等多项生态文明建设殊荣，是全省唯一被评为首批国家级旅游度假区的城市。

五、建立系统、完整的生态文明建设制度体系

（一）完善天然林保护制度

1. 西昌市全面落实"停、造、转、保"方针

实现了对全工程区内森林的常年有效管护，年实际管护面积为 174.92万亩，其中国有林 163.69 万亩、集体公益林 11.23 万亩。在管护措施上，我们因地制宜，因害设防，合理配置管护人员，将市林产品公司、大箐国有林场、四合国有林场、石嘉国有林场、泸山国有林场、盐中国有林场、巴汝国有林场、西宁国有林场等 8 个单位的 266 名林业职工分为 31 个管护组，划定管护区域，落实管护责任。人均管护森林面积约 6 100 亩，管护责任单位及管护责任人员层层签订了目标责任制，制定并完善了考核、奖惩制度。

2. 生态公益林补偿政策

西昌市集体公益林计划面积 11.23 万亩，均为国家级生态公益林。2016—2018 年共到位补偿资金 496.95 万元，占计划的 100%。2016—2018 年实际完成兑现集体公益林生态效益补偿基金 33.69 万亩，兑现资金 496.95 万元，占计划数的 100%。

3. 集体和个人天然起源商品林纳入森林生态效益补偿范围

西昌市集体和个人天然起源商品林纳入停伐补助计划面积 20 600 亩，补助标准 2017 年 4.84 元每亩，2018 年 6.18 元每亩。

4. 国有林场林区改革工作

目前国有林场改革工作已基本完成，下一步将进行国有林区的改革。

（二）完善湿地保护制度

2016 年 11 月 30 日，国务院办公厅印发了《湿地保护修复制度方案》（国办发〔2016〕89 号），2017 年 10 月 14 日，四川省人民政府办公厅印发了《四川省湿地保护修复制度实施方案》（川办发〔2017〕98 号）。根据中央、四川省印发的《湿地保护修复制度方案》，结合西昌市的湿地特点和保护现状，凉山彝族自治州林业和草原局于 2017 年 12 月 18 日完成了具有西昌特色的《西昌市湿地保护修复制度实施意见（草案）》。

2018 年 4 月 12 日，凉山州人民政府办公室印发了《凉山彝族自治州湿地保护修复制度实施意见》（凉府办发〔2018〕21 号）。凉山彝族自治州林业和草原局对照《凉山彝族自治州湿地保护修复制度实施意见》，将《西昌市湿地保护修复制度实施意见（草案）》进行了修改完善。6 月 4 日，中共西昌市委全面深化改革领导小组召开了第十八次全体会议，凉山彝族自治州林业和草原局就《西昌市湿地保护修复制度实施意见》推进情况进行了专题汇报，并于 9 月 7 日形成了《西昌市湿地保护修复制度实施意见（征求意见稿）》。

2018 年 9 月 12 日，西昌市人民政府办公室关于征求《西昌市湿地保护修复制度实施意见（征求意见稿）》意见的通知正式印发，凉山彝族自治州林业和草原局根据各乡（镇）人民政府及市级相关部门反馈的修改意见，进一步修改完善，于 2018 年 9 月 21 日定稿，《西昌市湿地保护修复制度实施意见》正式印发。

（三）完善生态脆弱地区生态修复机制

1. 天保工程的公益林生态补偿

生态公益林补偿政策：西昌市集体公益林计划面积 11.23 万亩，均为国家级生态公益林。2016—2018 年共到位补偿资金 496.95 万元，占计划的 100%。2016—2018 年实际完成兑现集体公益林生态效益补偿基金 33.69万亩，兑现资金 496.95 万元，占计划数的 100%。

集体和个人天然起源商品林纳入森林生态效益补偿范围：西昌市集体和个人天然起源商品林纳入停伐补助计划面积 20 600 亩，补助标准 2017年 4.84 元每亩，2018 年 6.18 元每亩。目前正进行面积核实和兑现准备工作，预计 12 月底前完成兑现。

2. 退耕还林工程

2018 年上级下达西昌市退耕还林任务 5 000 亩，根据各乡镇农户自愿申报情况，市发改经信局、市财政局、市林业局、市农牧局、市国土局联合发文《关于下达西昌市 2018 年度新一轮退耕还林任务的通知》(西发改经信〔2018〕250 号)，已将任务下达到大箐国有林场辖区的大箐乡（2 800 亩），巴汝国有林场辖区的巴汝乡（1 000 亩）、马鞍山乡（1 000 亩）、银厂乡（200 亩），各国有林场积极配合乡镇通过召开村社干部会、农户院坝会、进村入户等各种方式广泛宣传相关政策，动员发动农户积极参与，做到让农户清楚政策，确保退耕还林任务落实到每一地块、每一农户。

新一轮退耕还林主要分布在邛海汇水面、雅砻江沿岸、二半山区等生态脆弱区实施，主要营造华山松、核桃、青花椒等兼具生态恢复和经济价值的树种，有助于林业产业发展和农户增收，帮助部分贫困村贫困户发展林业产业，增强脱贫奔康造血功能。

3. "1+X" 林业生态产业基地建设项目

"十三五"以来，西昌市进一步加快森林资源培育，鼓励和扶持农户在集体林和私有林内发展林下种植业、林下养殖业，夯实林业产业发展基础，加快林业产业化体系建设，推进西昌市形成林副产品结构合理、区域优势明显、竞争力强的林业产业体系。

从 2016 年开始，结合西昌市精准扶贫精准脱贫工作的开展和脱贫攻坚林业生态产业建设，在已有 16 万亩核桃种植面积和 21 万亩其他经果林的基础上，重点在 13 个彝族乡镇，以 47 个贫困村贫困户为重点，实施贫困户"户均 5 亩经果林"建设，以核桃、花椒等优势林业生态产业基地建设助力脱贫攻坚、助推产业转型升级。

2016 年度西昌市共完成 "1+X" 生态产业种植面积 17.82 万亩，其中完成核桃新造种植面积 15.3 万亩，完成青红花椒种植面积 2.41 万亩，完成其他经果林种植面积 1 083 亩，完成核桃低产林改造面积 4.1 万亩，其贫困村贫困户 "户均 5 亩经果林" 建设完成核桃、青红花椒等种植面积 3.06 万亩；同时，各乡镇继续巩固核桃 "双百万" 工程，进一步强化管护措施的落实，核桃 "盐源早" 等早实品种已经挂果并取得经济效益。

2017 年度西昌市 37 个乡镇，完成 "1+X" 林业生态产业基地建设项目总面积 19.4 万亩，其中核桃种植面积 15 万亩，青（红）花椒 2.1 万亩，华山松 1 万亩，油橄榄 0.5 万亩，完成其他经果林种植 0.8 万亩，主要以种植花椒、杨树、杨梅等树种为主，完成核桃丰产（嫁接）技术改造 3 万亩，同时，在响水乡、民胜乡完成核桃良种中心采穗圃和核桃良种果穗两用采穗圃 582 亩建设、完成建成 306 亩苗木快繁基地建设。

2018 年度对西昌市生态产业建设任务 6.5 万亩认真推进落实，截至 2018 年 7 月底，核桃丰产（嫁接）技术改造施工已经完成，油橄榄基地建设 "西昌 中国. 以色列油橄榄科技示范园" 在经久乡已经实施，林下中药材种植规模逐步扩大，各项目建设施工顺利推进；市林业局将经果林种植管护技术培训作为的一项重点工作、长期任务，在各乡镇村组积极开展种植技术培训、帮扶，充分发挥产业扶贫的基础性作用，加快培育贫困地区、贫困群众增收产业体系，建立贫困群众脱贫奔康关键技术支撑，通过产业技术帮扶一批、确保建档立卡贫困户成长为种植技术明白人，达到贫困人口稳定脱贫的目标。

到 2017 年年底，西昌市有核桃种植面积 46.3 万亩，花椒 8.7 万亩，油橄榄 0.8 万亩，其他经果林近 21 万亩；全市涉林企业、合作社、家庭农场数量达到 18 家以上，生态产业的发展特别是产业基地的建设，起到了明显的示范引导作用，生态产业建设特别是核桃、花椒等经果林的种植，改善了西昌地区生态环境、促进林区群众脱贫奔康和民生改善；增强了贫困户的造血功能，促进了林农就地创业就业；特色经果林种植规模的提升助力脱贫攻坚，推动了产业转型升级和乡村振兴，促进了西昌市社会、生态、经济三大效益的提升，特别是对精确扶贫精准脱贫工作具有重大意义。

4. 营造具有防护效益的生态公益林

紧紧围绕大规模绿化西昌行动，坚持以营林为基础，适时适树适地，积极培育森林资源，严格项目管理，努力提高绿化造林成效，促进森林资源增长和生态环境的持续改善。

（1）加大植被恢复造林力度，增加森林植被覆盖率。2017年至2018年投资3 000多万元，对泸山实施人工更新造林，完成造林面积18 900亩，超额完成了"十三五"期间泸山造林目标任务；2018年投资322.2万元实施华山松造林，完成造林面积4 626亩，栽植华山松苗木近6万株。今年还将实施中央财政林业发展改革资金造林补助项目15 000亩造林，2 000亩木本中药材造林任务；实施森林抚育4 000亩；实施长江上游干旱河谷生态治理产业扶贫工程造林1 500亩。

（2）着力绿化成效，大力开展绿化景观提升工程。完成湿地"八个园"、月季山、樱花谷、玫瑰花岛、花香满地绿化项目的建设，并进行了查漏补缺。正在实施紫云山、桃花岛、鸡冠刺桐岛绿化、马道深沟樱花谷绿化项目，计划实施小清河上游绿化项目，打造景观亮点。

（3）全员行动，开展义务植树，动员全市广大干部职工、居民群众、驻地部队参加义务植树活动。从2018年4月26日开始，西昌市相继组织了"中国·以色列油橄榄科技产业园"开工仪式暨大规模绿化凉山西昌植树活动、6.26国际禁毒日义务植树活动、"廉政清风林"义务植树活动和州市雨季义务植树活动。

（4）实施镇村绿化。为贯彻落实乡村振兴战略，加快生态文明示范村建设，实现"七有三好"的总体目标，西昌市对月华乡新华村、樟木箐乡丘陵村、琅环乡红星村、普诗乡四呷村等8个村进行生态文明示范村创建，并开展绿化工作，目前已完成8个村绿化实施方案的编制工作，待完善后实施，今后将对其余村镇逐年实施绿化。

（5）通道绿化。今年实施G248公路两侧（西昌段）绿化（从海南乡缸窑村环湖路分岔路口至安哈镇大箐村边界止）和太瑯路樟木箐乡麻柳村至樟木箐乡集镇段，目前正在设计和招标工作。

5. 依法推进森林资源保护

一是加强宣传，注重预防。林区乡镇对保护森林资源加大宣传力度，特别是对自主搬迁户和林区群众加强宣传。二是加强巡护。林业职工加强巡山检查，发现破坏森林资源的违法犯罪行为及时予以制止，并第一时间向森林公安报案。三是加强打击。森林公安在全市林区内设立林区治安室，分片负责，发现破坏森林资源的违法犯罪行为，以森林公安为主，林业执法人员全力配合，发现一起打击一起，绝不手软。四是采取措施，将林区内住户迁出林区。政府采取措施，将飞播林区内的住户分批逐年迁出飞播林区异地安置，对自主搬迁户迁回原籍。五是实行林地用途管制。凡涉及征占用林地的建设项目，必须依法办理使用林地手续，严禁未批先占或少批多占。六是严格实行凭证采伐制度。在飞播林区范围内严禁批准商品性采伐，对低产低效林改造加强审查和监管，对生态脆弱区和采伐后更新难度大的区域不予审批采伐。七是加强生态修复。依托大规模绿化全川、"1+X"产业项目，对已经开垦的林地进行植被恢复。

（四）建立资源环境承载能力监测预警机制

以森林资源规划设计调查（二类调查）、林地变更、公益林落界为主体的全市森林资源监测体系，逐步加强以应用遥感、地理信息、全球定位（3S）和网络技术为主的森林资源监测信息系统建设，建立健全重大林业生态事故监测体系，充分发挥其空间和专业数据库的基础作用，实现森林资源管理各要素的数字化、网格化、智能化、可视化，提高快速发现问题的能力。

（五）严格水资源管理制度考核

2018年年初，凉山州水务局对西昌市完成了2015年度、2016年度最严格水资源管理制度的考核。西昌市在考核中均取得了优秀等级。

（六）强化对东、西、海河的综合治理

1. 加强东、西、海河的入河排污治理

关于东、西、海河的入河排污口，西昌市水务局、西昌市住建局和西昌市环保局大力开展治理工作，全市其他乡镇的入河排污口进行不定期抽查，要求设置入河排污口的企业按环保部门要求进行排放，请所在乡镇对其监管。

2. 加强小水电站治理工作

对西昌市境内的小水电站，做好下泄生态流量的监督管理工作。对检查中发现未满足下泄生态流量的电站，要求立即停产整改。要求全市正在运行的电站进行了生态下泄流量"一站一策"的评审工作，现在正在对评审通过的45家电站报告做修改完善。

3. 加强对东、西、海河三河综合整治

加快了对东、西、海河三河综合整治。东、西、海三河水环境综合整治项目是西昌市继邛海湿地建设和邛海入湖河流综合整治后，启动实施的又一具有代表性的重点水生态整治项目，是我州"河湖公园"建设的重要节点。项目总投资总额 22 亿元，包括月亮湖湿地公园（二期工程）、泥石流治理及水土保持工程、城区河道整治、堤带路及截污干管工程。

（七）严格执行土地利用总体规划，有效控制新增建设用地

西昌市国土局严格按照省、州下达西昌市规划调整完善建设用地控制指标，进一步优化全市建设用地布局，在规定的时间内完成了规划调整完善方案编制工作，《西昌市中心城区规划范围内的乡（镇、街道）土地利用总体规划》《西昌市中心城区外一般乡（镇）土地利用总体规划（2006—2020 年）调整完善成果》已分别于 2017 年 11 月 1 日、2017 年 12 月 8 日经省政府（川府规〔2017〕77 号）、州政府（凉府函〔2017〕346 号）批复同意实施；在规划管理工作中，依据批准的土地利用总体规划，严把土地利用年度计划、建设项目预审和土地审批关。加强建设项目预审，在建设项目可行性研究阶段，国土部门主动介入，加强与发改、规划和建设部门的沟通，从规划用途、用地规模、计划指标等方面严格把关。坚持"三个不报批"：凡是不在土地利用总体规划确定的建设用地范围内的，一律不报批；凡是没有土地利用年度计划指标的，一律不报批；凡是没有通过建设项目预审的，一律不报批。充分发挥规划的引导作用，严格按照土地利用总体规划审批、管理和利用土地，严格执行土地利用总体规划，对耕地保有量、基本农田面积和建设用地规模进行总量控制。

（八）努力完成基本农田保护指标

2017 年以来，市国土局按照西昌市与州人民政府签订的《2018 年耕地保护暨国土资源管理目标责任书》的要求，与 37 个乡（镇）政府和西昌农垦公司签订目标管理责任书，将基本农田保护目标任务作为首要考核指标，并将耕地保有量面积、耕地占补平衡指标、土地开发整理专项资金管理和土地违法案件查处等都列入重要考核内容，强化考核责任目标。在基本农田保护工作中，并根据实际，建立健全了耕地和基本农田保护及监管制度，严格执行占补平衡等耕地保护制度，通过强化执法监管、强化土地开发整理、强化高标准基本农田建设、强化各乡镇属地管理责任等措施，有效确保了全市耕地保有量不低 46 150 公顷，基本农田保护面积

33 053公顷不减少的责任目标得到有效落实，有力保障了全市经济社会发展。

（九）认真开展耕地质量等别更新评价和监测评价

2017年，按省州的工作安排，市国土局开展了西昌市的耕地质量等别年度更新评价、耕地质量定级和耕地质量监测评价工作并已按时完成，全市耕地面积为48 176.08公顷，分不同的区域将西昌市的耕地按自然等和利用等分别定级为6-10级，有利于加强耕地质量一体化管理、建设和保护，实现政府对土地资源由数量管理为主，向数量、质量、生态管护相协调管理转变，为切实加强耕地质量管理和提升耕地质量保障能力提供支撑，为落实耕地占补平衡目标和基本农田保护提供依据。

（十）全面实施土地综合整治

2018年市国土局实施土地综合整治项目共计10个（4个增减挂钩项目，6个土地整理项目），其中4个土地整理项目预计11月动工。2018年4月完工的西溪、黄联关土地整理项目，产生新增耕地1 300亩，委托西昌市农牧局对补充耕地出具质量评定报告，委托四川师范大学西南土地资源评价与监测重点实验室出具新增耕地质量等别评定报告，目前正在进行项目审计，待审计完成后报州国土资源局申请验收。

六、推进生态文明建设体制改革专项工作

持续开展生态文明建设体制改革工作，着力推进绿色发展、循环发展、低碳发展。

（一）持续推进河长制工作

1. 坚持属地管理、主体责任原则

各相关部门要加强河长制统筹工作，成立河长制工作领导小组、河长制工作办公室，并设立市、乡、村三级河（湖）长，出台了工作方案和相关制度办法。强化对邛海周边农村环境整治，大力开展辖区内入湖沟河（包括小沟小渠）的整治工作，对川兴段、高枧段人工河道进行淤积物清除、绿化补栽，对现有的滞水区进行改造利用。三是开展河湖管理范围划定，对官坝河、鹅掌河等12条重要市管河流开展划界工作。

2. 强化水生态监测管理

监测外来物种，消苗水生植物以及部分区域水生植物过盛等对水生态环境的影响，持续开展邛海及湿地水生植物清割及优化种植、垃圾打捞等工作。

3. 有序推进治污工程

邛海西岸一级截污管网扩容增量改造工程。由市供排水公司牵头拟对邛海西岸悦海楼至邛海宾馆后门段 1.3 公里西岸一级截污干管进行封堵、排水、清淤、检测，并根据检测结果对出现塌陷、变形的管段开展非开挖修复工程，恢复干管原有设计输水能力。月亮湾、青龙寺污水处理站升级改造为一体化污水提升泵站。由市供排水公司牵头负责该工程项目，拟将各个污水处理站污水改造为一体化污水提升泵站，月亮湾、青龙寺实现"零排放"。

（二）建立一湖一策管理保护机制

1. 完善河湖管理保护机制

相关部门编制西昌市 32 条重点河流治理方案，明确河湖管理任务、责任分工及保障措施，同时结合"河长通"APP 巡河软件，各级河湖长按照职责要求开展巡河（湖）问河（湖）工作。

2. 全面推进"邛海-安宁河"河湖公园建设

邛海湿地保护区：2020 年全面推进全国示范河湖建设（已纳入全国17 个首批示范河湖建设名单）。一是邛海水生态修复与治理项目的落地；先期启动、完成邛海湿地航道疏浚及绿化提升工程项目（投资约 2 000 万元）。二是完成官坝河水生态治理工程（投资 1 829 万元，中央资金 500 万元）。

（1）东西海三河。一是全面推进东西海"三河"综合整治项目（续建），完成月亮湖湿地公园二期工程、堤带路主体工程。二是完成东河水库前期工作，力争开工建设。三是开工建设海河防洪治理工程（泸黄高速—安宁河汇口）（投资约 4 400 万元，可争取中央补助 60%）。四是力争完成西河左岸四合桥至宁远桥堤带路二期工程（胜利路文化公园至宁远桥）（投资约 2 000 万元）。五是完成西河右岸四合桥头至宁远桥头堤带路工程前期工作。六是完成海河口丹桂桥上游调蓄闸建设前期工作。

（2）安宁河流域。一是完成安宁河农文旅生态走廊樟木示范段的水利基础设施项目续建（投资约 1.72 亿元），力争开工建设麻柳河上游拦沙坝工程（1 000万）。二是完成安宁河大德阿七段堤防二期工程（投资约 6 446万元，可争取中央补助 60%）。三是开展安宁河干流堤防建设前期工作，力争完成安宁河干流防洪治理工程（太和大桥至鑫源养殖场河段）前期工作，争取 3~5 段列入"十四五"规划工作。四是完成西溪河三期防洪治理工程、泸黄高速改扩建蒋家河治理工程等山溪河治理前期工作。五是做好安远堰取水枢纽工程开工建设的准备工作。六是有序推进河湖管理范围划定工作。开展第二批剩余18条重要市管山溪河河湖划界工作。

（三）完成省、州下达的土壤污染防治目标工作

1. 开展农用地土壤环境质量数据库建设工作

完成土壤污染状况详查110个点位布点及样品采集任务；完成农产品产地土壤重金属污染防治普查849个样点；水稻重金属污染状况协同监测样点85个；土壤环境质量例行监测样点12个。

2. 开展耕地土壤调查评估工作

结合西昌市2019年化肥减量增效示范项目开展工作，按照每万亩不少于1个点位的密度确定取土点位数，已采集146个土样，目前正在进行土样化验分析中。

（四）建立健全生态环境保护制度

1. 推进环境公益诉讼

紧紧围绕"生态提升年"目标任务，充分发挥公益诉讼职能作用。开展"蓝天、碧水、净土、青山"监督活动，查处环境污染、资源破坏等违法行为，行使公益诉讼监督，维护社会公共利益。对生态环境、生态领域发生的犯罪案件，依法提起刑事附带民事诉讼。

2. 抓好中央和省环境督察反馈问题整改

高度重视中央、省环保督察期间交办的来信来电案件办理，并由西昌市环境保护委员会牵头按照省、州部署，对环保督察和"回头看"反馈意见指出的问题积极开展整改，通过压实各部门环境保护工作责任，全面推进问题整改，加强对整改任务梳理、细化、分解工作，强化后续监管，开展跟踪督查，确保整改落实到位。

（五）优化生态安全屏障体系

（1）科学编制融发展与布局、开发与保护为一体的《西昌市2020—2035年国土空间规划》。统筹优化"三线"（生态保护红线、永久基本农田保护红线和城镇开发边界线），合理划定"三区"（生态、生产、生活）。

（2）严格落实耕地、永久基本农田保护和土地节约集约利用制度。一是采取有效措施，严格保护永久基本农田和耕地；二是严格执行产业控制标准，在项目投入、产出等方面加强土地供应把关，加大对存量建设用地的转型盘活力度，开展节地评价，精准核实用地规模，促进土地资源的高

效集约利用。

（3）强化自然资源执法监管水平，维护自然资源管理秩序。综合运用法律、经济、行政等手段，加强对自然资源和规划领域重点事项和突出问题的查处力度，重点查处违法占用永久基本农田、耕地等破坏自然资源、生态环境和群众反映强烈的问题。

（4）强化污染治理。研究制定我市培育环境治理和生态保护市场主体的实施意见，积极鼓励各类投资进入环境保护市场。通过政府购买服务等方式，加大对环境污染第三方治理的支持力度。加快推进污水垃圾处理设施运营管理单位向独立核算、自主经营的企业转变。探索设立国有资本投资运营公司，推动国有资本加大对环境治理和生态保护等方面的投入。积极支持生态环境保护领域国有企业实行混合所有制改革。

（5）积极参与全国碳排放权交易市场启动运行。应对气候变化法律法规和标准体系初步建立，统计核算、评价考核和责任追究制度得到健全，低碳试点示范不断深化，减污减碳协同作用进一步加强，公众低碳意识明显提升。

（六）完善主体功能区配套政策，用能权有偿使用和交易制度试点及推广

（1）科学合理确定用能权指标。根据国家下达的能源消费总量控制目标，结合我市经济社会发展水平和阶段、产业结构和布局、节能潜力和资源禀赋等因素，合理确定我市能源消费总量控制目标。

（2）推进用能权有偿使用。设计用能权有偿使用制度应兼顾公平和效益，平衡现有产能和新增产能的利益，既有利于鼓励先进，推进结构调整，推动能源要素高效配置，又不大幅增加企业负担。

（3）构建公平有序的市场环境。制定用能权交易管理办法，明确交易规则及流程，完善交易争议解决机制。建立公平、公开、透明的市场环境，及时发布用能权供需信息，建立预测预警机制。

七、推进生态文明示范村建设改革试点工作，着力打造典型

（一）试点总体情况

1. 试点背景

为实现全市90%的行政村就近就地入住美丽幸福新村的目标，西昌市委、市政府印发了《西昌市生态文明示范村（街）创建工作方案》（西委

办发〔2017〕156 号）。

2. 任务单位和试点时限

此项工作由市委农办牵头，市委组织部、市委政法委、市发改经信局、市农牧局、市水务局、市交通运输局、市民政局等相关职能部门共同参与创建工作。每年按照"七有三好"的总体目标，完成 7 个以上生态文明示范村建设，通过抓点带面、示范带动，全面推进乡村振兴。2018 年完成普诗乡四呷村、黄联关镇大德村、大兴乡建新村、佑君镇站沟村、樟木箐乡丘陵村、琅环乡红星村、礼州镇田坝村、月华乡新华村 8 个生态文明示范村创建工作。

3. 试点目标和主要任务

示范村建设围绕"产业兴旺、生态宜居、乡风文明、治理有效、生活富裕"基本内涵，提出了"七有三好"总体目标。"七有"：①有符合"七彩西昌、阳光水城"发展定位，体现"小组微生"要求的田园综合体。着眼"休闲聚集、农业生产、居住发展和功能配套"四个要素，实现"小规模聚居、组团式布局、微田园风光和生态化建设"村庄建设目标。②有体现"五位一体"要求的特色产业。发展"有适度规模、有成熟品牌，有专合组织牵引，有龙头企业带动和与电商结合""五位一体"现代农业特色产业，走城乡融合发展道路。③有完善的生活环境保洁措施和良好的村容村貌。做到乡村垃圾日产日清、污水达标排放、村容村貌整洁卫生、有达标的公共厕所，村级基础设施维护常态化。④有健全的村规民约及监管机制。做到村务公开，村级治理制度健全完善，建立红黑榜、村监督委员会制度，网格化服务管理落实到位，构建自治、德治、法治"三位一体"的治理体系，建成民主法治示范村，无涉黑涉恶势力、无超生、无新增吸贩毒人员、无乱修滥建、无重大刑事案件，民风淳厚淳朴。⑤有软硬件达标的村级阵地建设。按照省、州要求抓好"1+N"村级活动阵地建设，"1"是以村级便民服务中心为依托，"N"是建设农村书屋、文化院坝、村卫生室、农民夜校、日间照料中心、村简史馆等软硬件功能设施。⑥有稳定的村集体经济收入来源。⑦有"A 级"景区创建和"四好"文明村创建的成功探索和基本经验。"三好"："平安指数""党风廉政建设"和"文明指数"三个测评结果好，切实提升广大群众的幸福感、获得感和安全感。

（二）工作开展情况

1. 市委、市政府高度重视生态文明示范村创建工作

市委、市政府将此项工作列为西昌市 2018 年十件民生实事之一。为确保创建工作的顺利推进，市委、市政府召开专题会议，专题研究生态文明示范村创建工作。明确创建工作资金，并将生态文明示范村创建工作纳入年度目标考核。

2. 认真编制各村村庄规划设计方案和创建实施方案

按因地制宜、突出特色、打造亮点的要求，编制各村村庄规划设计方案；同时，按照每个村投入资金 600 万元，编制各村创建实施方案。2018年 4 月初，召集生态文明示范村创建工作责任部门、乡镇、村负责人，对生态文明示范村创建工作进行了专题研究；4 月中旬至 5 月初，多次深入 8个村调研督导生态文明示范村创建工作；5 月 4 日，组织省、市专家对 8个村的规划设计方案进行了评审；为学习和借鉴浙江省美丽乡村建设经验，加快我市生态文明示范村建设步伐，5 月 7 日至 12 日，组织农办、政法委、发改经信等 11 个部门、8 个生态文明示范村所属乡镇主要领导和 8个生态示范村的规划设计人员等一行 29 人，到宁波余姚市和杭州淳安县、桐庐县，学习美丽乡村建设经验，加快西昌市生态文明示范村建设步伐；5 月底至 6 月初，又先后 4 次召集相关部门、乡镇负责人和规划设计人员对各村规划设计及创建工作实施方案进行了研究评审，7 月底，8 个村的规划设计方案和实施方案均已通过评审定稿。

3. 整合相关部门力量，全力打造生态文明示范村

为确保创建工作有序推进，2018 年 5 月 21 日，市委农办给 8 个示范村所在乡镇分别拨付 200 万元的项目启动资金；11 月底，市委农办又根据每个示范村的建设进度，分别拨付礼州镇田坝村 190 万元、琅环乡红星村350 万元、樟木箐乡丘陵村 150 万元、佑君镇站沟村 400 万元、大兴乡建新村 610 万元合计 1 700 万元。除市级财政每个村投入 600 万元资金外，各示范村所在乡镇积极同相关职能部门对接，争取资金和政策支持，各部门结合自身职能积极参与创建工作。如 8 个生态文明示范村的绿化工作，由市林业局给予支持解决；8 个生态文明示范村的污水处理项目由市规建局、市供排水公司统一规划实施；村日间照料中心建设费用 25 万元，由市民政局给予解决。

（三）取得的主要成效

各生态文明示范村正在加快建设中。普诗乡四呷村村党支部活动室主

体已完工，正在准备内部装修，预计 12 月下旬完工；村党支部活动室至307 省道绿化附属工程已确定，待交通局公路修通后再施工；道路建设已纳入交通局 2018 年建设计划，已委托水投进行施工；400 亩青花椒已种植，高山生态冷水鱼项目及生态农庄正在组织实施；路灯已安装完成；旅游综合体工程正在走挂网招标程序；风貌打造集中打造肖家 63 户，外墙刮灰已完成，6 间样板房彩绘装饰已完成，室内打造工程已全面开工，20 户已完工；购买简易垃圾清运车 2 辆、购垃圾桶 450 个已委托犀牛环卫公司进行采购；集中污水处理设施国土用地申请已办好，正在走发改立项程序，日间照料中心已同民政局对接，正在准备相关申请资料。佑君镇站沟村"1+N"综合体公厕已基本完工、日间照料中心二层建设快完工；"小组微生"田园示范点正在进行风貌样板房打造；食用菌园区建设正在平整土地；道路建设已开始施工；绿化由林业局负责实施；分散式污水处理正在设计、预算。樟木箐乡丘陵村茅坡樱桃景区入口处景观打造拟结合 4A景区创建重新修改设计方案；小瀑布景观已完成施工区域土地整理等基础工作；垃圾分类投放点正在开展采购单位招标比选；5 家农家乐升级改造项目已完成，各户正结合各级领导意见进行部分优化整改；污水处理目前农能办正在比选分户污水处理设备制造公司；道路建设施工单位已进场施工；风貌打造按计划施工中，目前已完成 9 户打造；旅游观光步道已铺设完成，正在结合各级领导意见进行局部优化整改；太阳能路灯正在开展采购单位招标比选；村史馆打造方案已设计，正在收集历史资料等；景区接待点打造已完成观景平台已基本完成，游客接待点正在进行房屋主体改造，屋面和墙面改造已完成。黄联关镇大德村风貌改造已经全面开工，已完成 30% 的工程量，试点围墙改造已完成 500 米；道路建设已完成 2 千米的道路硬化，其余的道路已完成路基捡平；沟渠建设已完成 1 千米的沟渠硬化；绿化建设已完成设计和预算；生活污水处理、旱厕改造已完成实施户调查；村委会建设主体已完成，内外装饰施工已基本完成，现正在进行院子围墙建设；石榴交易市场建设已完成钢结构房屋建设，现正在进行附属设施的建设。大兴乡建新村兴仁新区微田园、围墙、绿化等附属工程已基本完成；新农村综合体已基本装修完工；风貌打造样板房已确定，正在加快打造；弱电管网下地及路面"白+黑"工程正在进行财评；交通环线硬化杨湾子桥到新民大桥道路已开工建设；建新村生态文明示范村（四组规划整治）已确定样板房，正加快施工，厕所革命已开工建设，预计 12

生态文明建设中的生态管理创新研究

月下旬全部完工；绿化景观附属广场整治铺装工程即将施工。琅环乡红星村党群服务中心已浇筑二层；绿化正在进行施工单位招投标程序，沟渠软化、道路铺装已进场施工，景观打造正在进行施工设计；入户提升正在进行施工单位比选；风貌提升正在进行施工单位招投标程序，背后荒山干热河谷造林项目已确定施工单位，准备进场施工；小香葱采摘体验园正在进行施工图设计；垃圾压缩站建设已完工，正在进行竣工验收；污水处理厂正在送财评；垃圾分类投入点正在报方案。月华乡新华村绿化工程、新华村广场及景点绿化工程正在评审，乡污水处理站正在做样板分散式处理站；道路工程正在评审；风貌改造工程正在评审，已完成3户试点。礼州镇田坝村新建村级活动阵地三楼已封顶；污水处理设施已比选确定施工单位；建筑风貌改造、游步道、道路加宽、休闲广场、太阳能路灯、沟渠改造、景观绿化、景观构筑、市政管线、停车场等项目已完成财评，正在确定施工单位，绿化工程已确定施工单位，12月20日进场施工，道路硬化工程完成路基平整齐1千米。

八、启示

习近平生态文明思想，是生态建设、环境保护的行动指南，也为抓好西昌市相关工作提振了信心、提供了动力。综合前述分析，西昌市生态文明建设有以下几点启示：

（一）树牢全局观念、把准功能定位，以"大生态"思维谋划推进生态文明建设

习近平总书记在长江经济带工作会议上强调，对于长江上游生态保护地区"共抓大保护、不搞大开发"，是站在中华民族全体利益的立场提出的长江中上游地区未来发展大方向、大愿景。不搞大开发，不等于不发展，而是更加突出发展的生态约束和持续性。GDP不是衡量一个地区经济社会发展的唯一指标，甚至不是主要指标，对于生态功能区，保护好生态环境，就是在发展，就是在为全国、全社会经济发展做贡献。实质内涵是，生态本身就是一种生产力。因此《中共四川省委关于全面推动高质量发展的决定》在第一条"把握四川高质量发展总体要求"中指出，要"着力解决协调发展不足的问题，以区域发展布局统筹交通、产业、开放、生态和公共服务等生产力布局。"弄清在全省发展布局中的方位，省委提出了"一干多支、五区协同"区域协调发展格局，对攀枝花和安宁河谷地区

明确要"重点推动产业转型升级，建设国家战略资源创新开发试验区、现代农业示范基地和国际阳光康养旅游目的地"，并特别强调"大小凉山地区突出生态功能，重点推进脱贫攻坚，发展生态经济，促进全域旅游、特色农牧业、清洁能源、民族工艺等绿色产业发展。"这既是未来西昌所处地区的发展目标，也是生态文明建设中"西昌担当"的"必交作业"，应着力"五大动作"贯彻落实好中央和省委决策部署。一是认识大提升。贯彻"长江经济带""一干多支、五区协同""南向走廊"等多重战略，坚持深入学习贯彻习近平生态文明思想，聚焦"三期叠加""六大原则""五大体系"等核心内容，进一步牢固树立生态优先、绿色发展理念，切实提高政治站位，增强西昌在全州、全省、全西南地区生态文明建设进程中的责任感和使命感，开门规划、区域联动，下好中央和省州生态环保总体布局中的"先手棋"。二是决策大综合。生态环境问题本身就是可持续发展的逻辑起点，保护环境和协调环境与经济发展、与社会进步的关系是经济社会发展的基本内容。

（二）全经济社会发展综合决策机制，解决环保部门参与综合决策的问题，为环保部门参与综合决策提供保障

强化环保部门研究经济社会发展问题能力，提升环保部门参与综合决策的质量和水平，尤其要深入研究经济社会发展与生态环境保护的关联性。一是规划大融合。围绕习近平总书记"积极推进市、县规划体制改革，探索能够实现多规合一的方式方法，实现一个市县一本规划、一张蓝图"要求，依据西昌区域生态环境系统的客观规律，将国民经济和社会发展规划、城乡总体规划、土地利用总体规划中的同类项统一起来，并将涉及城乡发展的其他重要专项规划，如邛海流域环境规划、生态红线保护规划、产业布局发展规划和园林绿化规划等，落实到一个共同的空间规划平台上，达成广泛的规划协调，明确划定城市环境资源上线、生态保护红线、环境质量底线，确保生产空间集约高效、生活空间宜居适度、生态空间山清水秀。二是系统大谋划。贯彻习近平总书记"山水林田湖是一个生命共同体"的生态保护、修护理念，尊重自然生态的整体性、系统性及其内在规律，统筹考虑自然生态各要素，坚持山上山下、地上地下、湖里湖外及流域上下游联动，进行整体保护、系统修复、综合治理，统筹好部分与全局、个体与群体、当前与长远之间关系，实现环保理念认识的系统化、管理思路的系统化、手段措施的系统化，以系统工程思路抓生态保护

与建设。三是施策大统筹。把绿色发展理念贯穿到经济社会发展各个领域各个环节，推动形成绿色生产生活方式：加快完善主体功能区政策体系，对全市范围内的高山地区、二半山地区、坝区和城区等不同地区实行差异化绩效考核和监督管理，推动各地区依据主体功能区定位发展，构建科学合理的城镇化推进格局、农业发展格局、生态安全格局；借力"脱贫攻坚""生态示范村打造"等有利契机，充分运用"四好创建"、村规民约、以奖代补等手段，整体提升农村基础设施、居住环境，推动良好习惯养成，有效治理农村垃圾、污水等问题。

（三）精确目标设定、完善考评机制，以"大责任"体系谋划推进西昌生态文明建设

建立"以改善生态环境质量为核心的目标责任体系"和"科学合理的考核评价体系"是习近平生态文明思想的重要内容，也是各地开展环境保护和生态文明建设的指导路径之一。当前，生态文明建设任务的目标体系主要包括符合生态文明建设要求的生产方式和消费模式的形成，生态文明建设体制机制的配套完善，资源有偿使用制度、生态补偿机制的形成和健全，主要污染物减排，危害群众健康的突出环境问题的预防和有效解决，重要生态系统的休养生息，以及生态文明理念在全社会的树立和有效弘扬等等方面。需要围绕上述各项目标，细化任务、责任，建立和落实生态文明建设目标责任体系和考核评价体系。

一是要切实解决"清单不清"问题、进一步理清明确环保责任。系统完整、边界清晰的环境保护责任清单是建立健全生态环境保护目标责任制和党政领导班子考核评价制度的依据。按照"党政同责、一岗双责、失职问责、终身追责"和"管发展必须管环保，管生产必须管环保"的原则，重点突出担负主要责任的部门，同时覆盖担负一般责任的部门，将全要素、全过程的环保责任无一遗漏地分解到具体部门，把生态环境保护中仍然"剪不断理还乱"的"乱麻"梳理清楚，制度化、清单化落实环保部门与其他部门的环境保护责任。二是要科学建立新时代环境保护和生态文明建设考核评价机制。围绕营造巩固"蓝天白云、繁星闪烁""清水绿岸、鱼翔浅底""吃得放心、住得安心""鸟语花香、田园风光"的良好生态环境目标，按照大气、水、土壤、生态等板块科学设置既反映生态环境质量状况、更体现改善程度的指标体系，充分反映各部门在为改善环境质量所做出的努力；围绕打造建设一支"政治强、本领高、作风硬、敢担当，

特别能吃苦、特别能战斗、特别能奉献的生态环境保护铁军"目标，深入落实"鼓励支持党员干部干事创业容错免责机制"，主动为敢干事、能干事的干部撑腰打气；围绕推动环境保护责任清单落实落地目标，同步建立责任追究制度，对未能履行职责的责任主体，依法依规严格公正追责，形成有权必有责、用权受监督、失职要追究的格局。

（四）抢占技术先机、构建智能平台，以"大数据"系统谋划推进西昌生态文明建设

智能化、智慧化的运用是信息化时代生态环保的重点、亮点。坚定不移走信息化、智能化、智慧化环保道路，提前布局，超前谋划，主动承接、适应生态文明建设的智慧化趋势是当下和未来西昌环保工作的主要着力点之一。全覆盖架设污染源监控系统强化源头管控。利用我市目前已建立的环保监控平台，在邛海、大气、水质断面、河道、园区重点污染企业、建筑工地、大型餐馆等主要污染源内全覆盖架设在线监控系统，实现24小时实时监控，同时将系统整合纳入环保监控平台，释放监管人力，提升监管水平，为环保"大数据"运用提供技术支撑。加快构建以排污许可证为核心的"一证式"管理模式。全面落实中央、国务院到2020年将排污许可证制度建设成为固定源环境管理核心制度的相关要求，全面推动西昌市排污许可证发证、建设工作，依托环保数据资源，通过业务重构、流程再造与制度创新，建立起以排污许可证为核心涵盖全市所有企业的"一证式"管理系统，整合企业所有环保相关资料和数据，包括所属行业、机构代码、生产地址、环评单位、设备数量、用水用电、原料使用量等，形成"一源一档"动态管理档案，为环保"大数据"运用提供制度保障。全面加强环保大数据应用做实智慧智能。以大数据促进精准化环境管理为目标，以大数据促进环境监测和环境监察执法为导向，开展环保大数据收集整合，将环评、试运行、验收、环保督察、污染源普查等管理型数据和大气、水、土壤、噪声、辐射等监测数据进行全面收集，系统整合；通过开展环保大数据应用，提升生态环境综合的预警能力、提升环境保护的科学决策水平、提高环境健康风险评价的能力、提升公众的环境服务能力，最终实现用数据说话、用数据决策、用数据管理和用数据创新的新型环保管理模式。

（五）催生市场机制、激发社会合力，以"大集成"手段谋划推进西昌生态文明建设

习近平总书记指出提高环境治理水平要充分运用市场化手段，完善资源环境价格机制，采取多种方式支持政府和社会资本合作项目。第三方社会资本参与污染防治、参与环保设施建设和运营，先发地区的经验值得学习借鉴，找到第三方参与生态文明建设的切入点是助力西昌"铂金十年"发展的有效举措。强化思想认识，增强工作主动性。深刻认识建立吸引社会资本投入生态环境保护的市场化机制、推行环境污染第三方治理是生态文明制度建设的重要内容。通过政府购买社会服务、企业购买专业服务的模式，让专业者做专业事，让政府专注监督、敢于监督、能够监督，让企业节约成本提升效益，能够有效提高治污效率，降低治污成本，改善环境质量，促进环保产业发展。强化沟通对接，增强工作针对性。梳理目前各地在环境污染第三方治理方面的典型案例，主要有企业购买环境服务和政府购买环境服务两类模式，各有特点、优势及适用范围，进一步加强与有关企业和部门沟通对接，在沟通中增进了解、理清合作思路是前期工作的重点内容。强化工作举措，增强工作实效性。围绕西昌环境治理内容，加强环保项目策划、包装，主动对接国家、省、州项目，通过纳入项目的方式争取政策资金支持。借鉴先发地区经验，先期研究环境污染治理在规划发展、土地使用、收益共享、奖励措施等方面的配套政策，为支持政府和社会资本合作项目创造良好环境。

（六）凸显本底特色、做强生态品牌，以"大产业"主体谋划推进西昌生态文明建设

精准把握新的发展动能，坚定推动经济转型升级高质量发展，围绕"稳一优二进三"，大力发展生态经济，以更系统的谋划、更强有力的举措推动生态建设产业化、产业发展生态化，把生态优势加快转变为产业优势、经济优势、发展优势。在树立主导产业方面。一城一市必须有独特的经济、独到的业态和独大的产业，面面俱到、样样皆有难以形成气候。立足西昌地理、区位、季候、生态、物产、文化等多重优势，吸纳凤凰、阆中、攀枝花、丽江等地成功经验，精缩战线、锻造"拳头"，体现"一地一业"，全力发展旅游、康养、会展以及延伸关联的商贸、物流、特色农产品等生态相关系列产业，最大限度发挥良好生态这一独特而稀缺资源的作用，全新打造独占鳌头的西昌生态品牌。在推动产业发展生态化方面。

抓住历史机遇，加快经济发展方式转变，改变高消耗、高污染、低效率的发展方式，充分利用生态理念和生态技术，把经济开发活动控制在环境可承载的范围内，大力发展低碳经济、循环经济，改进提升传统优势产业，让经济发展过程绿色化、生态化。在规划建设静脉产业园时，始终做到规划先行、严格选址，优化生产工艺，高起点建设，避免二次污染；在建设洗涤园区时充分借鉴"工业地产"模式，落实污水集中治理，节约用地；在三大园区所有重点企业加装实时监控，倒逼企业主动转变、积极转型；发展清洁能源和可再生能源，提高资源利用效率，最大限度地减少污染物排放；按照"减量化、再利用、资源化"的原则，开发和推广节约、替代、循环利用和减少污染的先进适用技术，加强技术改造和设备更新，促进循环经济发展。在推动生态建设产业化方面，积极构建有效的绿水青山就是金山银山转化机制，优先发展绿水青山的内生性产业，如林下经济、生态农业、休闲旅游、生态养生等，积极发展绿水青山的外生性产业，如基础设施、现代服务等，通过发展绿色经济和绿色产业，培育以低碳排放为特征的新的经济增长点。在推动生态文明制度化方面，健全和落实资源有偿使用制度、生态补偿机制，深化价格改革，加快建立反映市场供求关系、资源稀缺程度、环境损害成本的生产要素和资源价格形成机制，推进资源性产品价格和环保收费改革，不断完善绿色环境经济政策，倡导绿色生产和绿色消费，实现生态美、产业兴、百姓富的和谐统一。

（七）盯紧群众关切、系统综合治理，以"大项目"建设谋划推进西昌生态文明建设

实现生态环境根本性战略转变，当前最有效的手段还是要落脚到项目建设上。要坚持围着群众关切转、盯着环保项目干，通过财政支持、政策扶持、市场机制相结合，着力建设更多的科技含量高、投资强度大、辐射带动作用强、有震撼力的生态环保大项目好项目，从系统工程和全局角度寻求新的治理之道，统筹兼顾、整体施策、多措并举，全方位、全地域、全过程开展生态文明建设。

①抓紧抓实环保基础设施提升工程，重点抓好城市生活垃圾焚烧发电项目二期、100吨/日餐厨垃圾处理项目、建筑垃圾回收再利用项目、死亡动物和畜禽粪便无害化处理建设项目、年处理30万吨固体废渣资源综合利用升级扩能项目等项目、年产30 000吨再生塑料颗粒等项目。②抓紧抓实大气环境质量改善工程，重点抓好攀钢西昌钢钒公司焦炉煤气管道脱硫项

目、西昌盘江煤焦化有限公司焦炉外排烟气环保提升项目、10蒸吨以下燃煤锅炉淘汰及燃煤锅炉治理等项目。③抓紧抓实水环境质量改善工程，加快实施东西海"三河"水环境综合整治PPP整治、魏家湾等棚户区改造、智慧水务建设、洗涤行业集中区建设、十八条山溪河水环境综合整治PPP项目、天王山天王湖绿廊工程、东河水库工程PPP项目、大桥水库引调水工程、两河口污水处理厂建设、成凉园区污水处理厂建设、饮用水源取水口迁建及备用水源地建设工程、农村集中式饮用水源地规范化建设工程等项目。④抓紧抓实土壤环境质量改善工程，加快推动康西铜业、合力锌业等关停企业拆除工作，持续开展污染场地修复试点和农用地土壤污染状况定期调查。⑤抓紧抓实农村环境综合整治工程，重点实施农村面源污染整治、高标准农田建设、54个乡村居民聚居点生活污水处理、凉山佛山合作项目西昌太美花卉科技等项目，将全市各乡镇划分为三大片区，分批推进农村环境连片整治工程，同时实施规模化畜禽养殖小区污染设施建设工程和农村生活垃圾设施建设、升级工程。⑥抓紧抓实重点领域环境风险防控工程，加快推进重点企业及重点风险源安装视频监控系统，重点实施环境监测、应急处置中心、环境宣教和信息中心达标建设项目，提升环境监管能力基础保障。

生态文明建设需要得到全社会的广泛关注、共同参与和大力支持，需要区域联动、整体加强和推进，必须与周边地区、兄弟县市共同致力于对各级干部和广大群众的宣传、教育、培训、引导，不断增强其大环保意识，形成全区域、全社会热爱环境、保护环境的良好氛围，使生态文明建设成为周边每个地区、每个乡镇、每个家庭和每个城乡居民的自觉行动，从宏伟蓝图变为生动现实。要从区域经济社会发展的全局出发统筹考虑，积极参与生态文明地区间合作，共同提高生态文明建设能力和水平，继续为地区、国家生态文明建设做出积极贡献。

参考文献

中共中央党史和文献研究院，2023. 习近平著作选读 [M]. 北京：人民出版社.

中共中央文献研究室，2017. 习近平关于社会主义生态文明论述摘编 [M]. 北京：中央文献出版社.

习近平，2021-7-2. 在庆祝中国共产党成立 100 周年大会上的讲话 [N]. 人民日报 (1).

陈红敏，李琴，包存宽，2023. 新时代中国生态文明建设：思想、制度与实践 [M]. 上海：上海人民出版社.

刘旭，等，2023. 中国生态文明建设发展研究报告 [M]. 北京：科学出版社.

张修玉，2022. 新时代生态文明建设：中国路径与实践 [M]. 北京：中国环境出版社.

张硕新，2023. 生态管理学 [M]. 北京：中国农业出版社.

李剑林，2016. 生态视角的管理创新 [M]. 北京：知识产权出版社.

高力克，顾霞，2021. "文明" 概念的流变 [J]. 浙江社会科学 (4)：11-20.

吴海江，2021. 中国特色社会主义：人类文明新形态 [J]. 中国特色社会主义研究 (11)：49-54.

新华社评论员，2021-07-06. 中国特色社会主义创造了人类文明新形态：学习贯彻习近平总书记在庆祝中国共产党成立100周年大会重要讲话 [N]. 新华社 (2).

王雨辰，2020. 论生态文明的本质与价值归宿 [J]. 东岳论丛 (8)：26-33.

李湘刚，2019. 论习近平生态文明思想 [J]. 城市学刊 (4)：10-15.

方世南，2020. 论习近平生态文明思想对中国特色社会主义理论体系的贡献［J］. 井冈山大学学报（社会科学版）（2）：13-19.

张占斌，王茹，2019. 习近平生态文明思想的发展历程、内涵特点和价值意蕴［J］. 理论（17）：14-22.

张宸睿，2021. 新时代生态文明建设的理论逻辑与实践进路［J］. 河北农机（4）：146-147.

刘儒，郑虹，2022. 生态文明理念下复合生态管理范式及应用［J］. 理财（4）：89-91.

张晛，2021. 适应新时代生态文明建设的我国生态管理范式［J］. 公关世界（23）：72-73.

刘莉萍，2023. 新时代生态环境管理的措施与创新［J］. 化工管理（11）：49-52.